高等职业技术院校园林工程技术专业任务驱动型教材

园林草坪建植与养护

（第2版）

人力资源社会保障部教材办公室　组织编写

段碧华 / 主编

中国劳动社会保障出版社

简介

本教材采用模块化教学体系，介绍了综合公园草坪、观赏草坪、运动场（足球场、高尔夫球场）草坪、固土护坡草坪、以草为主体的花坛和屋顶花园草坪的建植与养护。教材可作为高等职业技术院校园林相关专业教材，也可作为从事园林工作人员的参考书、自学用书，还可供园林绿化系统职工技能培训使用。

本教材由段碧华任主编，杨飏、段立歆、王振远参加编写。

图书在版编目（CIP）数据

园林草坪建植与养护 / 段碧华主编. —2版. —北京：中国劳动社会保障出版社，2017

高等职业技术院校园林工程技术专业任务驱动型教材

ISBN 978-7-5167-3025-6

Ⅰ. ①园…　Ⅱ. ①段…　Ⅲ. ①草坪-观赏园艺-高等职业教育-教材　Ⅳ. ①S688.4

中国版本图书馆CIP数据核字（2017）第121259号

中国劳动社会保障出版社出版发行

（北京市惠新东街 1 号　邮政编码：100029）

*

北京宏伟双华印刷有限公司印刷装订　新华书店经销

787 毫米 ×1092 毫米　16 开本　13.75 印张　2 彩插页　260 千字

2017 年 7 月第 2 版　2019 年11月第 2 次印刷

定价：28.00 元

读者服务部电话：（010）64929211/84209101/64921644

营销中心电话：（010）64962347

出版社网址：http://www.class.com.cn

http://zyjy.class.com.cn

前　言

高等职业技术院校园林工程技术专业任务驱动型教材自出版以来，在学校的教学中发挥了重要作用。近年来，园林行业发展迅速，企业对从业人员的知识水平和职业能力也提出了更高的要求。为了适应这一变化，满足学校培养人才的需求，我们组织了一批教学经验丰富、实践能力强的教师与行业、企业专家，在充分调研的基础上，对现有教材进行了修订。

在内容上，新版教材仍然坚持以培养学生的四大能力，即园林工程施工技术能力、园林工程施工组织管理能力、园林测绘与设计能力、园林植物栽培养护及应用能力为目标，根据园林行业的现状和发展趋势以及企业的岗位需求，调整、更新了相关教材的结构和内容，体现行业新理念、新标准、新技术和新方法；根据教学需要增加了大量来源于园林工程实际的案例、实训和例题，以引导学生运用所学知识分析和解决实际问题。另外，为了更方便教学，此次修订将《园林花卉栽培与养护》分为《园林花卉》和《园林花卉识别》，《园林花卉》侧重于园林花卉的分类、习性、栽培养护及繁殖方法等，《园林花卉识别》侧重于园林花卉的形态特征与园林用途。

在表现形式上，新版教材充分考虑到学生的认知规律，通过设置“小知识”“技能提示”“知识链接”等不同栏目，增加教材的亲和力，激发学生的学习兴趣。同时，尽可能多地以图表代替冗长的文字叙述，使教材更加生动直观，易于学习。

本套教材的编写得到了有关省市人力资源和社会保障部门及一批高等职业技术院校的大力支持，教材的编审人员做了大量的工作，在此，我们表示诚挚的谢意！同时，恳切希望广大读者对教材提出宝贵的意见和建议。

人力资源社会保障部教材办公室

目　录

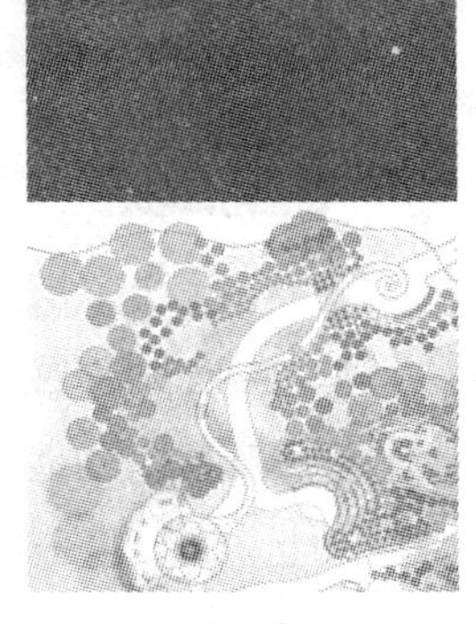

绪论

草坪起源于天然放牧地，最初被用于庭园种植以美化环境，后来伴随户外运动、娱乐地、休假地设施等的发展而兴起，如今已成为现代社会不可分割的组成部分。

一、草坪的概念

《辞海》中对草坪是这样注释的："草坪是园林中用人工铺植草皮或播种草籽培养形成的整片绿色地面。"严格地讲，草坪即草坪植被，通常是指以禾本科草或其他质地纤细的植被为覆盖，并以它们大量的根或匍匐茎充满土壤表层的地被，是由草坪草的地上部分以及根系和表土层构成的整体。当它处于自然或原材料状态时一般称为草皮，在具有一定设计、建造结构和使用目的时（如庭园、公园、公共场所的美化，环境保护，运动场地等）称为草坪。

二、草坪的功能

草坪在城市环境中具有诸多功能。概括来说，草坪是"文明生活的象征，游览休假的乐园，生态环境的卫士，运动健儿的摇篮"。

1. 吸收噪声

根据北京市园林科学研究所测定，20 m 宽的草坪可减少噪声 2 dB 左右。国外对于高速公路两侧的噪声测定结果表明：路边设置 21 m 宽的草坪可将由交通工具造成的噪声减少 40%。

2. 调节小气候

由于草坪的蒸腾作用和对强光的折射作用，草坪可吸收太阳射到地面热量的 50%左右，以此调节地表温、湿度。

3. 净化大气

草坪对大气的净化作用主要表现在草坪草能吸收、固定、降解大气中的有毒、有害物质和向大气输送氧气。同时，草坪可以接受、吸附空气中的尘埃。

4. 控制土壤侵蚀

草坪草致密的地上部草层和地下部密集的网状根系可减少地表径流，控制土壤侵蚀，保持水土。草坪是一种既廉价又持久的防止土壤风蚀、水蚀的地被。

5. 提高地下水的补给和质量

草坪能够控制土壤侵蚀的主要原因是对径流水有较高的截获能力，而这种能力可增加对地下水的补给。同样，草坪生态系统也能对地下水的质量起到很好的保护作用。

6. 提供运动休闲场地

许多体育运动都是在草坪上进行的，常见的有高尔夫球、足球、网球、赛马等项目。草坪特有的缓冲效应可以减少竞赛或娱乐活动对参与者的损伤，特别是在对抗性较强的运动中，如足球、橄榄球等项目。另外，在草坪上跑步，有助于保持腿部关节的健康。

7. 降低灾害损失的安全地带

在城市的人口密集区，草坪所构成的空间可起到绿色隔离带的作用，这一空间可有效地减少灾害造成的损失。

8. 形成草坪产业，提供就业机会

随着现代社会的不断发展，人们对生活环境的要求也随之提高，因此，草坪的产业化程度也越来越高。美国草坪业已与航天工业、汽车工业等行业并列为全美十大支柱产业之一。

三、园林草坪建植与养护的主要内容及课程特点

草坪学是草业科学的一个分支，是研究草坪草分类、草坪建立、草坪养护与管理等理论与技术的一门新科学。园林草坪建植与养护是涉及草坪学在园林、环境保护、城市建设、房地产等方面应用的一门实用科学，它涵盖了草坪草识别、坪床准备、排灌系统铺设、草坪建植、草坪养护与管理（常规养护、特殊养护）、草皮生产、草坪保护等方面的知识。

作为一门应用型课程，园林草坪建植与养护是学习园林工程施工组织与管理、园林绿化养护与管理、景观设计等课程及从事相关实践工作的基础。通过本课程的学习，学生可以了解草坪的概念、类型和草坪草的特性，掌握各类草坪的建植与养护技术，提高动手能力和分析问题、解决问题的能力。

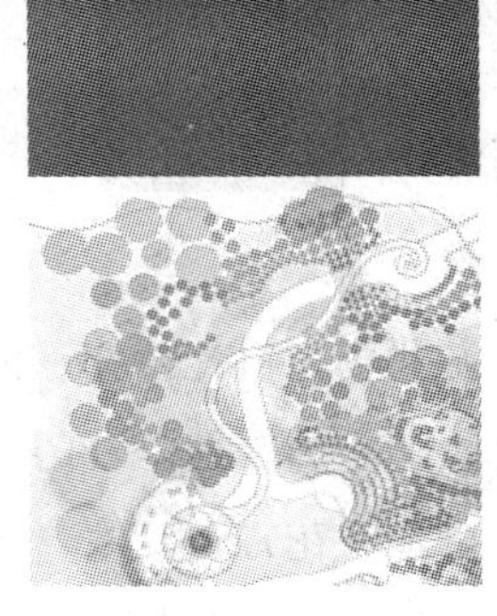

模块一

综合公园草坪的建植、养护与管理

课题一

公园草坪草种选择

任务目标

◇掌握常见综合公园草坪的种类

◇了解公园草坪草种选择的依据和方法

◇能够合理进行公园草坪草种选择

任务提出

如彩图 1 所示为北方某综合公园绿化示意图。图中浅绿色部分即为草坪绿地部分，在此公园中占有相当比例，且该园中的草坪绿地均为专类园。本图中：①为典型的疏林草坪；②为儿童游乐园周边草坪（主要为开放草坪）；③为单一观赏草坪；④为山丘地草坪；⑤为缀花型草坪。要求应用草坪学的相关知识，为各功能区选择合适的草坪草种。

任务分析

在识别草坪主要类型的基础上，了解草坪草品种的选择原则。根据不同的自然条件，结合不同的功能分区，选择出适应环境的草坪建植所需的草种。

相关知识

综合公园是城市园林绿化系统中的有机组成部分，主要由专类园和开放性场地两种类型组成。专类园一般不允许游人入内游赏，主要由花坛、观赏草地、花丛和花境、观赏树丛和观赏树群，以及密林地组成。开放性场地允许游人入内活动，包括各种体育场、儿童游戏场、日光浴场、大型草坪、林中草地、疏林草地、密林中的园路及林间小空场等。公园的园林绿地是一门综合性艺术，在全面绿化的基础上，还要达到美化、香化，所以要有草本、花卉、灌木、乔木的充分结合。其中草坪和地被植物是公园绿化的背景，花卉、灌木和乔木只有在此大背景的衬托下，才能互相搭配，体现出层次上的变化。

一、草坪与草坪草

草坪是园林中用人工铺植草皮或播种草籽培养形成的整片绿色地面。要建成整片绿色地面，就会利用到一类植物，也就是草坪草和地被植物。草坪草是指能够形成草皮或草坪，并能耐受定期修剪和人、物使用的一些草本植物品种或种。草坪草大多数为具有扩散生长特性的根茎型和匍匐型禾本科植物，也有一些如马蹄金、白三叶等非禾本科植物。

草坪草按照地理分布可分为暖地型与冷地型，按照对温度的生态适应性可分为暖季型与冷季型。这两种分法其实质是相同的，只是侧重点不同而已。

暖季（地）型草是指最适生长温度在 26～32℃（或 30℃左右），生长的主要限制因子是最低温度及持续时间，也就是说在夏季生长最为旺盛。野牛草、狗牙根和结缕草是暖季（地）型草坪草中较为抗寒的草种，因此，它们中的某些种能向北延伸到较寒冷的辽东半岛和山东半岛。细叶结缕草、钝叶草、假俭草对温度要求较高，抗寒性差，主要分布于我国的南部地区。

而冷季（地）型草是指最适生长温度在 15～24℃（或 20℃左右），生长的主要限制因子是最高温度及持续时间，在春、秋季节各有一个生长高峰，冬季仍能保持绿色。最适宜我国北方的冷季（地）型草坪草种有草地早熟禾、细叶羊茅、多年生黑麦草、小糠草和高羊茅。某些抗寒性较强的暖季（地）型草坪草的栽培种，如狗牙根和结缕草，也可在冷季（地）型草坪草区靠南的地段种植。

二、草坪的主要类型

1. 不同草本植物组合下的草坪种类

根据草本植物的不同组合，草坪可以分为单纯型草坪、混合型草坪和缀花型草坪 3 种。

（1）单纯型草坪　单纯型草坪由一个草种组成，例如：草地早熟禾草坪、狗牙根草坪、结缕草草坪、翦股颖草坪、沿阶草草坪等。

（2）混合型草坪　混合型草坪由多种禾本科多年生草种混合铺装而成。

（3）缀花型草坪　缀花型草坪是在以禾本科植物为主体的草坪上（包含单纯型草坪和混合型草坪），点缀有少量的宿根花卉。

2. 不同用途下的草坪种类

根据绿化特点、草地与树木的组合情况，草坪可以分为观赏草坪区、开放型草坪区、

疏林草地区和山丘地草坪 4 种类型。

（1）观赏草坪区　专供做观赏用，一般不允许游人入内游憩和践踏。观赏草坪区是公园的风景设计核心之一，一般位于公园最中心或最热闹地区以及正门区。观赏草坪区又可分为单一观赏草坪区和缀花草坪区。

1）单一观赏草坪区（见图 1—1）。单一观赏草坪区一般为面积较大（在 2 000 m^2 以上）的单一草种草坪，地面比较开阔，草地上一般不栽植其他乔灌木树种和花卉，这种草坪在艺术效果上显得单纯而且壮阔。这种空旷草地的四周，如果有其他乔灌木、建筑物、土山等高于视平线的景观包围，且四周包围的景物不管是连续成带的或断续的，只要占草地周界长 3/5 以上的，均称为闭锁草地。如果草地四周边界 3/5 的范围内，没有被高于视平线的景物所屏障，则这种草地被称为开朗草地。开朗草地多位于水边或用于路面分割。

2）缀花草坪区（见图 1—2）。缀花草坪区是在以禾本科植物为主体的草坪或草地上，混有少量开花绚丽的多年生草本植物或花草灌木，例如在草地上自然疏散的点缀有鸢尾、石蒜、葱、百合、玉簪、酥浆草等球根植物。这种球根植物的数量一般不能超过草地总面积的 1/10，在分布上要有疏有密、自然错落。这种球根植物，有时发叶，有时开花，有时花和叶片均隐没于草地中，视野里只见一片单纯的草坪，构成颇有情趣的季相构图。

图 1—1　单一观赏草坪区

图 1—2　缀花草坪区

（2）开放型草坪区（见图 1—3）　在综合公园中面积在 2 000 m^2 以上的大草坪，一般是供人们进行开放式活动的绿地，通常要选择抗逆性强、耐践踏、耐瘠薄土壤条件的草坪草种进行单播或混播，在管理上一般都比较粗放。在我国北方地区常采用草地早熟禾和羊茅类、野牛草、结缕草等草种，在南方地区常采用狗牙根、地毯草等草种。

（3）疏林草地区（见图 1—4）　用优质草坪草种建成的背景草坪（如在林下种植的草地或护岸、护坡的草地）上按一定的图案种植一些丛生的花灌木，或在草地上稀疏的分布一些单株乔木，一般这些树木的覆盖面积为草地总面积的 20%～30%。在草地上布置的乔木，其株行距一般应在 5 m 以上，其郁闭度在 0.2～0.4 以下。在较疏的树林下，可混栽些丛生开花的灌木。这种疏林草地，可供游人在林荫下游憩、阅读、野餐、进行空气浴

等活动。

图 1—3　开放型草坪区

图 1—4　疏林草地区

（4）山丘地草坪（见图 1—5）　在斜坡地或水岸边，为了防止水土流失，美化环境，以地形的自然起伏建植的草坪。在坡度较大的坡地上建植草坪的难度较大，因此应选择一些根茎发达、覆盖能力较强、耐干旱、耐寒冷和耐瘠薄的草种，如高羊茅、野牛草、结缕草、狗牙根、紫羊茅、翦股颖等。在草地上也可散生一些乔灌木和花卉加以点缀。

图 1—5　山丘地草坪

3. 不同园林规划条件下的草坪种类

根据园林规划的形式，草坪可分为自然式和规则式两类。

（1）自然式草坪或草地（见图 1—6）　不论是经过修剪的人工培育的草坪或自然生长的草地，只要随地形呈自然起伏的，均称为自然式草坪或草地。

（2）规则式草坪或草地（见图 1—7）　凡是地形平整或具有几何形的坡地、阶地上的草坪与其配合的道路、水体、树木等布置呈规则的，均称为规则式草坪或草地。

图 1—6　自然式草坪或草地

图 1—7　规则式草坪或草地

三、公园常见草坪草识别

1. 识别草地早熟禾（见图 1—8）

［分布］又名六月禾、肯塔基蓝草等。冷地型禾草。禾本科，早熟禾属。原产欧洲、亚洲北部及非洲北部，后来传至美洲，现遍及全球温带地区。在我国的黄河流域和东北、江西、四川、新疆等省区均有野生种，常见于河谷、草地、林边等处。

图 1—8　草地早熟禾植株

［形态特征］草地早熟禾具细根状茎，秆丛生、光滑，具 2～3 节，高 30～60 cm，叶鞘疏松包茎，具纵条纹。叶舌膜质，长 1～2 mm。叶片条形，柔软，宽 2～4 mm，密生于基部，圆锥花序开展，长 13～20 cm，分枝下部裸露，小穗长 4～6 mm，含 3～5 朵小花。外稃基盘具稠密的白色绵毛。种子细小，千粒重 0.37 g。

［生态习性］草地早熟禾喜光耐阴，喜温暖湿润，具有很强的耐寒能力。抗旱性差，夏季炎热时生长停滞，春秋生长繁茂。在排水良好、土壤肥沃的湿地生长良好。根茎繁殖力强，再生性好，较耐践踏。播种当年只个别植株抽穗开花，大部分植株第二年才抽穗开花结实，因此采种应在第二、第三年进行。在西北地区 3—4 月返青，11 月上旬枯黄。在华北地区 3 月中下旬返青，11 月下旬枯黄。

［繁殖特点］草地早熟禾通常用种子和带土小草块两种方法进行繁殖。种子繁殖成坪快，直播 40 天即可形成新鲜草坪，播种量 6～8 g/m^2。该草绿草期长，春秋生长快，生长旺季应注意修剪，并多施肥、浇水。草地早熟禾生长 3～4 年后，逐渐衰退，因此补播草籽是管理中十分重要的工作，最好 3～4 年补播草籽 1 次。也可用切断根茎和穿刺土壤的方法进行更新，以避免其过早衰退。

2. 识别紫羊茅（见图 1—9）

［分布］又名红狐茅。禾本科，羊茅属。冷地型禾草。广泛分布于北半球温寒地带，我国长江流域以北各省均有分布。

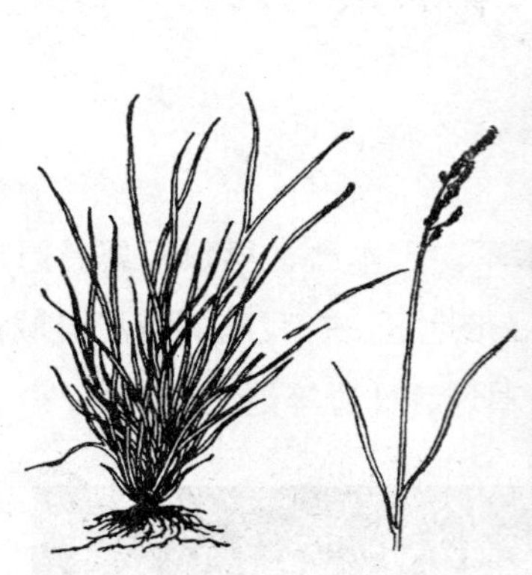

图 1—9 紫羊茅植株

［形态特征］紫羊茅为多年生草本植物。须根发达，具短的匍匐茎，秆基部斜生或膝曲，丛生，分枝较紧密，高 40～70 cm，基部红色或紫色，叶鞘基部红棕色并破碎呈纤维状，分蘖的叶鞘闭合。叶片线形，光滑柔软、对折内卷，圆锥花序狭窄，稍下垂，长 9～13 cm，每节有 1～2 分枝。小穗淡绿色，先端带紫色，含 3～6 朵小花。颖果长 2.5～3.2 mm，宽 1 mm，千粒重 0.73 g。

［生态习性］紫羊茅适应性强，抗寒、抗旱、耐酸、耐瘠，最适于在温暖湿润气候和海拔较高的地区生长。在新疆海拔 2 000 多米的大小尤尔都斯盆地有大面积的群落分布。在 −30℃能安全越冬，在乔木下半阴处能正常生长，在 pH 值为 6～6.5 的土壤上生长良好，在富含有机质的沙质黏土和干燥的沼泽土上生长最好，春秋生长最快。在夏季炎热高温的情况下生长不良，出现夏季休眠现象。紫羊茅寿命长，耐践踏和低修剪，覆盖力强。剪草留茬高度 2 cm 仍能恢复生长。该草春季返青早，秋季枯黄晚，在北部地区 4 月中旬返青，11 月中旬枯黄，绿色期 210 天左右。

［繁殖特点］紫羊茅以种子繁殖为主。由于种子小，播前应精细整地，覆土宜浅，以不露种为宜。播种量 14～17 g/m^2，春秋均可播种，但以秋播为好。该草苗期生长慢，应注意除草。紫羊茅因系密丛植物，随年龄老化易形成草丘，给修剪带来困难。老草地应注意通气。

3. 识别白三叶（见图 1—10）

［分布］又名荷兰翘摇、白车轴草。冷地型草坪草。豆科，三叶草属。原产欧洲，现广泛分布于温带及亚热带高海拔地区。我国黑龙江、吉林、辽宁、新疆、四川、云南、贵州、湖北、江西、江苏、浙江等地均有分布，是一种极重要的栽培牧草和优良的草坪植物。

［形态特征］白三叶为多年生草本植物，植株低矮，侧根发达，集中分布于表土 15 cm 以内，主茎短，由茎节上长出匍匐茎，长 30～60 cm，节上向下产生不定根，向上长叶，茎光滑细软，叶腋又可长出新的匍匐茎向四周蔓延，因而侵占性强，成坪快，单株

占地面积可达 1 m^2 以上。掌状三出复叶，互生，叶柄细长直立，长 15～20 cm。小叶倒卵形或心脏形，叶缘有细齿，叶面中央有“V”形白斑。托叶小，膜质包茎。全株光滑无毛，腋生头形总状花序，着生于自叶腋抽出的比叶梗长的花梗上。花白色或略带粉红色，异花授粉，荚果细小，包藏于宿存的花被内，每荚含种子 3～4 粒，黄褐色，有光泽，千粒重 0.5～0.7 g，硬实较多。

图 1—10　白三叶植株

［生态习性］白三叶喜温凉湿润气候，生长适宜的温度为 19～24℃，但其适应性强，耐热、抗寒、耐阴、耐瘠、耐酸。幼苗和成株能忍受 -5～-6℃的寒霜，仅叶尖受害，转暖时仍可恢复生长。在有积雪覆盖的条件下，绝对最低温度达 -40℃能安全越冬，在炎热的盛夏，生长虽已停止，但并不枯萎，基本无夏枯现象，在遮阴的林园下也能生长。对土壤要求不高，只要排水良好，各种土壤皆能生长，尤喜富含钙质及腐殖质的黏质土壤。适宜的土壤 pH 值为 6～7，在土壤 pH 值为 4.5 时也能生长，但不耐盐碱。白三叶为需水较多的植物，不仅生长盛期要供给充足的水分，在越冬和种子发芽时亦需要充足的水分。水分不足，则叶小而稀，匍匐枝减少，颜色不绿。

［繁殖特点］白三叶应选择水分充足而肥沃的土壤进行栽种。主要采用种子繁殖，由于种子细小，要求整地精细、平整。春秋均可播种，但秋播宜早，迟则难以越冬，春播稍迟易受杂草危害。播种量 3～4.5 g/m^2，播深 1～2 cm。田间管理主要是要保持一定土壤湿度，以保证出苗，生长期也应供给充足的水分。由于苗期生长缓慢，应注意除草。白三叶能固定空气中的氮素，用根瘤菌摄取空气中的氮，因而成株可不施或少施氮肥，应以施磷、钾肥为主。白三叶不耐践踏，因而应以观赏为主，设围栏保护，以防人随意进入。白三叶开花结实不一致，边熟边落，当果球变黑褐色时就应及时采摘，种子产量 6～7.5 g/m^2。

4. 识别高羊茅（见图 1—11）

［分布］高羊茅为禾本科，羊茅属。生长在欧洲的一种冷地型草坪草，适应许多土壤和气候条件，应用广泛。高羊茅在植物学上一般称为苇状羊茅。

图 1—11 高羊茅植株

［形态特征］高羊茅叶卷叠式。叶鞘圆形，光滑或有时粗糙，开裂，边缘透明，基部红色，叶舌膜质，0.2～0.8 mm 长，截平。叶耳小而狭窄。叶片扁平，坚硬，5～10 mm 宽，上面接近顶端处粗糙，各脉不鲜明但光滑，有小突起，基部也光滑，中脉明显，顶端渐尖，边缘粗糙透明。茎圆形，直立，簇生。根颈显著，宽大，分开，常在边缘有短毛，黄绿色。花序为圆锥花序，直立或下垂。叶片披针形到卵圆形，有时收缩。轴和分枝粗糙，每一小穗上有 4～5 朵小花。

［生态习性］高羊茅形成的草坪植株密度小，叶较其他冷地型草坪草宽且粗糙，叶脉明显。虽然有短的根茎，但仍为丛生型，很难形成致密草皮。其大多数新枝由根冠产生而不是根茎的节产生，根系分布深且广泛。适宜于寒冷潮湿和温暖潮湿的过渡地带生长，在寒冷潮湿气候带的较冷地区，高羊茅易受到低温的伤害，耐寒性不及草地早熟禾。高羊茅对高温有一定的抵抗能力，在暂时高温下，叶子的生长受到限制，仍能保持颜色和外观的一致性。高羊茅是最耐旱和耐践踏的冷地型草坪草之一，耐阴性中等，耐粗放管理。

虽然高羊茅适应的土壤范围很广，但最适宜于肥沃、潮湿、富含有机质的细壤生长，对肥料反应明显。最合适的土壤 pH 值为 5.5～7.5，适应的土壤 pH 值范围是 4.7～8.5。与大多数冷地型草坪草相比，高羊茅更耐盐碱，也可忍受较长时间的水淹，故常用作排水道旁草坪。

［繁殖特点］高羊茅主要以种子繁殖为主，建坪速度较快，但再生性较差。修剪高度为 4～6 cm，叶子质地和性状表现较好，当修剪高度低于 3 cm 时，不能保持均一的植株密度。氮肥需要量为每个生长月 0.5～1 g/m^2。在寒冷潮湿地区的较冷地带，高氮肥水平会使高羊茅更易受到低温的伤害。高羊茅不结枯草层，抗旱性强。

5. 识别野牛草（见图 1—12）

［分布］野牛草为禾本科，野牛草属。暖地型禾草。原产于北美洲，早年引入我国栽培，现已成为华北、东北、内蒙古等北方地区的“当家”草坪草种。

［形态特征］野牛草为多年生草本植物。具匍匐茎，秆高 5～25 cm，较细弱。叶线形，长 10～20 cm，宽 1～2 mm，两面疏生细小柔毛，叶色绿中透白，色泽美丽。雌雄同

株或异株，雄花序 2～8 枚，长 5～15 mm，排列成总状。雄小穗含 2 朵花，无柄，成两行覆瓦状排列于穗轴的一侧。雌小穗含 1 朵花，大部分 4～5 枚簇生，呈头状花序，花序长 7～9 mm。通常种子成熟时，自梗上整个脱落。

图 1—12　野牛草植株

［生态习性］野牛草适应性强，喜光，亦能耐半阴，耐土壤瘠薄，具较强的耐寒能力，在我国东北、西北有积雪覆盖的条件下，在 -34℃能安全越冬。夏季耐热、耐旱，在 2～3 个月严重干旱的情况下，仍不致死亡。该草与杂草竞争力强，具一定的耐践踏能力。在华北地区表现为返青迟，枯黄较早，绿色期 180～190 天，在西北地区种植，绿色期 160 天左右。

［繁殖特点］野牛草采用种子繁殖和营养繁殖均可。由于结实率低，目前各地均采用分株繁殖或用匍匐茎埋压，以春秋季繁殖栽培较好。栽后立即浇水，保证土壤湿度，促进其生长。由于野牛草再生快，生长迅速，植株也较高，因此修剪是养护管理的基本措施，通过修剪以控制高度，保持平整美观，全年可修剪 3～5 次，每次留茬高度 3～4 cm。施氮肥可促进野牛草密度增大，色泽变浓，每次可施尿素 15～20 g/m^2。野牛草耐旱，浇水不宜过多。

该草的缺点是绿色期较短，其雄花伸出叶层之上，破坏草坪绿色的均一性，耐阴性差，不耐长期水淹，枝叶不甚稠密，耐践踏能力不强等，在一定程度上影响了它更广泛的推广应用。

6. 识别结缕草（见图 1—13）

［分布］又名老虎皮、锥子草等。暖地型禾草。禾本科，结缕草属。原产于亚洲东南部，主要分布于我国、朝鲜和日本的温暖地带。我国北起东北的辽东半岛，南至海南岛，西至陕西关中等广大地区均有野生种。

［形态特征］结缕草为多年生草本植物。茎叶密集，株体低矮。属深根性植物，须根一般可深入土层达 30 cm 以上。坚韧的地下根状茎及地上匍匐枝，于茎节上产生不定根。

植株直立，茎高 12 ~ 15 cm。叶片革质，上面常具柔毛，长 3 cm，宽 2 ~ 3 mm，具一定的韧度，呈狭披针形，先端锐尖，叶片光滑，叶舌不明显，表面具白色柔毛。花序为总状花序，长 2 ~ 4 cm，宽 3 ~ 5 mm。小穗卵圆形，由绿色转变为紫褐色。种子成熟后易脱落，外层附有蜡质保护物，不易发芽，播种前需进行处理以提高发芽率。

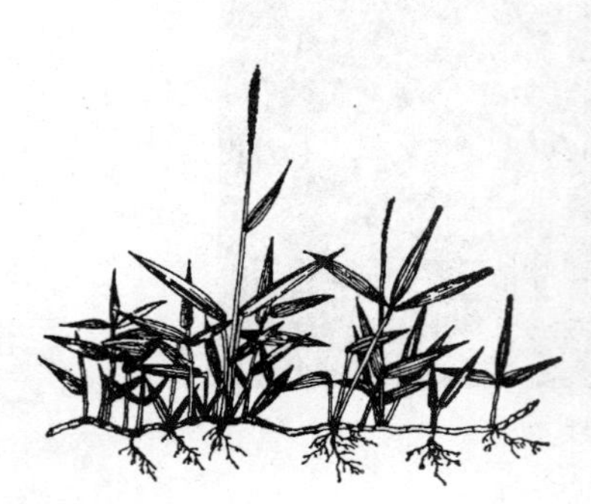

图 1—13　结缕草植株

［生态习性］结缕草适应性强，喜光、抗旱、耐高温、耐瘠和抗寒。喜深厚肥沃、排水良好的砂质土壤，在微碱性土壤中亦能正常生长。入冬后草根在 -20℃左右能安全越冬，在 20 ~ 25℃生长最盛，30 ~ 32℃生长速度减弱，36℃以上生长缓慢或停止，但极少出现夏枯现象。秋季高温而干燥可提早枯萎，使绿色期缩短。

结缕草还具有与杂草竞争力强，容易形成单一连片平整美观的草坪，耐磨、耐践踏、病害较少等优点；但不耐阴，匍匐茎生长较缓慢，蔓延能力较一般草坪草差。因此，草坪一旦出现空秃，则恢复较慢。由于种子外壳致密且具有蜡质，自然状态下种子发芽率低，使种子繁殖受到一定限制。

［繁殖特点］结缕草采用种子和无性繁殖均可。种子繁殖播种前必须进行种子处理，其方法可采用湿砂层积催芽和 0.5% 氢氧化钠溶液浸种。结缕草播种期在北方地区为 5 月中旬前后，在南方地区为 6 月梅雨初期。播种量为 6 ~ 9 g/m²。

营养繁殖一般采用分株繁殖，在生长季内均可进行。成行栽种，行距 5 ~ 20 cm，3—4 月可覆盖地面。也可将长 20 cm、宽 20 cm、厚 5 ~ 6 cm 的草皮块，按 2 ~ 3 cm 的间距铺设。草皮块铺设前应按草皮块建坪要求做好土壤等准备。结缕草管理较粗放，要保持草地经久不衰，应注意在生长盛期进行定期修剪，一般每月进行 2 次。在秋冬或早春应进行施肥、加土和滚压，用于运动场时，比赛前后应浇水，同时注意防治病虫害等。

7. 识别狗牙根（见图 1—14）

［分布］又名行义芝、绊根草（上海）、爬根草（南京）。暖地型禾草。禾本科，狗牙根属。广泛分布于温带地区。我国华北、西北、西南及长江中下游等地广泛用此草坪草建

坪，或与其他暖地型及冷地型草种混合铺设球场。黄河流域以南各地均有野生种。新疆的伊犁、喀什、和田亦有野生种。

图 1—14　狗牙根植株

［形态特征］狗牙根为多年生草本植物。具根状茎和匍匐枝，节间长短不一。秆平卧部分长达 1 m，并于节上产生不定根和分枝，故又名“爬根草”。叶扁平线条形，长 3.8～8 mm，宽 1～2 mm，先端渐尖，边缘有细齿，叶色浓绿。叶舌短小，具小纤毛，穗状花序 3～6 枚，指状排列于茎顶，分支长 3～4 cm。小穗排列于穗轴一侧，绿色，有时略带紫色，含 1 朵花，颖近等长，长 1.5～2 mm。1 脉成脊，短于外稃，外稃具子脉。种子成熟易脱落，具一定的自播能力。

［生态习性］狗牙根喜光，稍耐阴，较抗寒，多在西北地区栽培，在有积雪的情况下能安全越冬。因该草为浅根系，且少须根，所以遇夏季干旱气候时，容易出现匍匐茎嫩尖成片枯头的现象。狗牙根耐践踏，再生力强，故经常用于球类比赛草坪，比赛后如在当晚立即灌水，1～2 天后即可复苏，若及时增施氮肥，即能很快茂盛生长，继续使用。适宜在排水良好的肥沃土壤中生长，在轻盐碱地上也生长较快，且侵占力强，在良好的条件下常侵入其他草坪地生长。在华南地区该草绿色期 270 天，华东、华中地区 245 天，西南地区 250 天左右，在西北地区秋季枯黄较早，绿色期 170 天左右。

［繁殖特点］狗牙根因种子不易采收，目前多采用分根无性繁殖，一般在春夏期进行，栽植后应保持土壤湿润，20 天左右即能滋生匍匐茎。该草养护管理较粗放，夏季修剪次数较少。由于根系较浅，夏季干旱时应注意浇水。冬季草根部应增施薄肥覆盖，夏秋季宜施氮、磷肥，施肥量为氮肥 80 g/m^2 或磷肥 20 g/m^2。

8. 识别翦股颖（见图 1—15）

［分布］又称匍匐翦股颖、本特草。冷地型禾草。禾本科，翦股颖属。分布于欧亚大陆的温带和北美。我国东北、华北、西北及南方等地均有分布，常见于河边和较潮湿的草地。

图 1—15 翦股颖植株

［形态特征］翦股颖为多年生草本植物。秆的基部偃卧地面，具长达 8 cm 左右的匍匐枝，有 3 ~ 5 节，节上着生有不定根，直立部分 20 ~ 50 cm。叶鞘无毛，稍带紫色。叶舌膜质，长圆形，长 2.5 ~ 3.5 mm，背面微粗糙。叶片扁平线形，先端尖，具小刺毛，长 5.5 ~ 8.5 cm，宽 3 ~ 4 mm。圆锥花序为卵状长圆形，绿紫色，老后呈紫铜色，长 11 ~ 20 cm，宽 2 ~ 5 cm，每节具 5 分枝。小穗长 2 ~ 2.2 mm，二颖等长，先端尖。外稃顶端钝圆，基盘两侧无毛，内稃较外稃短，颖果长 1 mm，宽 0.4 mm，黄褐色。

［生态习性］翦股颖喜冷凉湿润气候，耐寒、耐热、耐瘠薄、耐低修剪，耐阴性也较好。由于匍匐枝横向蔓延能力强，能迅速覆盖地面，容易形成密度很大的草坪。但由于茎枝上节根扎的较浅，因而耐旱性稍差。该草耐践踏力仅低于结缕草。翦股颖对土壤要求不高，在微酸至微碱性土壤上均能生长，在湿润肥沃的土壤中生长最好。

［繁殖特点］该草易繁殖，采用种子和播茎繁殖均可，但多以后者为主。种子繁殖必须精细整地，切忌覆土过深，以轻耙不见种子即可。出苗后应保证土壤湿度和注意除草。播种量为 3 ~ 5 g/m^2，春、秋播种均可。栽植匍匐茎或每株移栽成活的关键是保证土壤充足的水分。由于该草需水量较多，生长快，成坪后应注意浇水和修剪。修剪不及时，将导致草层过厚、过密，基部叶片因不通风透气而变黄，甚至枯死。翦股颖留茬高度以 2 ~ 5 cm 为宜，用于运动草坪时还可降至 1 cm 左右。在大陆性气候区，用它建成的草坪，必须每隔 3 年进行一次更新，切断其根系，使土壤透气或重新再植。

9. 识别沿阶草（见图 1—16）

［分布］别名麦冬，但它与分类学上的麦冬并不是一个种，在实际应用中应注意区分。为暖地型禾草。百合科，沿阶草属。分布于东南亚诸国、印度和日本。我国的华中、华南、西南各省区均有分布。

［形态特征］多年生草本，常绿。根粗壮，常膨大呈椭圆形、纺锤形的小块根。茎短缩，地下根茎细长。叶基生，呈密丛的禾叶状，长 10 ~ 15 cm，宽 1.5 ~ 3.5 mm，具 3 ~ 7 脉，弯垂，常绿。花葶长 6 ~ 15 cm。总状花序，具 8 ~ 10 朵花，常 1 ~ 2 朵生于苞片腋

内。苞片披针形，顶端急尖或钝。花白色或淡紫色。种子球形，直径约 7～8 mm。

图 1—16　沿阶草植株

［生态习性］沿阶草喜温暖气候条件，有一定的抗寒能力，但在 -15℃以下不能安全越冬。该草耐热性强，在夏季长达 2 周的炎热天气（最高气温为 37.6℃）表现良好。沿阶草需水较多，适宜在年降雨量 800 mm 以上的地区种植，以 900～1 000 mm 最为适宜。且沿阶草耐旱、耐阴和耐瘠性也较强，故各种土壤均可种植。

［培育特点］采用种子和营养体繁殖均可。种子繁殖因易受杂草侵害，要注意定期除杂草。沿阶草适宜育苗移栽，移栽后应注意灌水，保持湿润，以迅速恢复生长。该草耐修剪性强，修剪后要随即追肥和灌水。

10. 识别地毯草（见图 1—17）

［分布］又名大叶油草。禾本科，地毯草属。原产南美洲，我国早期从美洲引入。

［形态特征］多年生草本，具匍匐茎。秆扁平，节上密生灰白色柔毛，高 8～30 cm。叶片柔软，翠绿色，短而钝，长 4～6 cm，宽 8 mm 左右。

图 1—17　地毯草植株

［生态习性］喜光，也较耐阴，再生力强，亦耐践踏。对土壤要求不严，冲积土和肥沃的砂质壤土上生长良好，匍匐茎蔓延迅速，每节均能产生不定根和分蘖新枝，侵占力极强。耐寒性较差，易产生霜冻，但春季返青早、速度快。

［培育特点］结实率和萌发率均高，可采用种子繁殖，亦可采用无性繁殖。

［使用特点］在华南地区为优良的固土护坡植物。因其低矮、耐践踏、较耐阴，故常用它铺设草坪或与其他草种混合铺设运动场草坪。

11. 识别假俭草（见图 1—18）

［分布］又名蜈蚣草、苏州草（上海）。禾本科，蜈蚣草属。主要分布于长江流域以南

各省区。

图 1—18 假俭草植株

［形态特征］多年生草本。植株低矮，高 10～15 cm，秆自基部直立，具爬地生长的匍匐茎。叶片线形，革质，先端略钝，长 2～5 cm，宽 1.5～3 mm，生于花茎上的叶多退化，顶部叶片常退化成一小尖头着生于叶鞘上。

［生态习性］喜光、耐旱、耐瘠、适宜重剪，较结缕草更耐阴湿。在排水良好、土层深厚而肥沃的土壤上生长茂盛，在酸性及微碱性土壤上亦能生长。

［培育特点］采用种子繁殖，种子采收后，翌春播种，发芽率较高，无性繁殖能力亦强。我国各地习惯用移植草块和埋植匍匐茎的方法进行繁殖。要求养护管理精细，重点是修剪、施肥和滚压。

［使用特点］株体低矮、耐旱，茎叶密集、平整美观，绿色期长，具有抗二氧化硫等有害气体及吸附尘埃的功能，广泛用于庭园草坪，并与其他草坪植物混合铺设运动场草坪，同时也是优良的固土护坡植物。

四、公园草种选择依据和方法

科学地选择适宜于当地气候和土壤条件的优良草坪草种，是建坪成败的关键。它将关系未来草坪的持久性、品质、对杂草和病虫害抗性好坏等重大问题。各类草坪草都具有各自的生态特性，因而对外界的环境条件表现出不同的适应能力。关键是要在满足草坪使用所需要的前提下，依据草坪的生态环境条件，选择出适宜该环境条件的品种。

选择草坪的草种，要从以下 9 个方面来考虑：

1. 质地

指草坪草的触感、光滑度和硬度。它与草坪的观赏价值、耐践踏能力等有关。从质地的角度，要选择生长低矮、纤细、质地柔软、光滑、草姿美的草种。

2. 枝条密度

指在单位面积内植物的地上部分（茎、叶）的数量。草坪的密度取决于草种的生长特性，同时与栽培方法和环境条件也有关系。

3. 覆盖性

指草坪的茎叶覆盖地面的能力。它与草坪的观赏价值有关，也与草坪的种类和管理技术水平密切相关。具有根茎、匍匐茎的草类覆盖性好，而密丛或疏丛型草类则覆盖性较差。

4. 颜色及绿色期

草坪草的颜色和绿色期的长短是选择草坪草的基本指标。色调美和绿色期长是观赏草坪的必备条件。草坪的颜色和绿色期因草坪草种（品种）的不同而异，同一种草坪草因不同的地区、不同的环境和不同的养护条件也不一致，但最主要的仍是选择草种。

5. 对环境的适应性

表现在不同的草坪草其抗旱、抗寒、耐热、耐阴、耐瘠薄的适应能力各不相同。

6. 对外力的抗逆性

主要指耐践踏性、耐磨性和耐修剪性。不同的草种其对外力的抗逆能力也各不相同。

7. 感病性

表现在不同草种的抗病性的强弱相差很大。

8. 芜枝层产生的能力

芜枝层的产生，会使草层积累过多的有机物质，容易导致草垫过厚，造成草坪退化。不同的草种产生芜枝层的能力各不相同，所以要采取不同程度的养护管理措施。

9. 建植速度

主要指草坪草的生长发育速度和寿命的长短。这是由草种各自的生物学特性所决定的。

任务实施

根据彩图 1 所示综合公园草坪的建植程序来选择五块不同功能分区草坪所用的草种。

（1）典型的疏林草坪　选用优质草坪草种，包括林地早熟禾和草地早熟禾的一些耐阴品种以及紫羊茅、白三叶等。待背景草坪建成后，在草地上稀疏地分布一些单株乔木，株行距要大，一般这些树木的覆盖面积为草地总面积的 20%～30%。

（2）儿童游乐园周边草坪　这两块草坪主要为开放草坪。在建植过程中，需选用抗逆性强、耐践踏、耐瘠薄的草坪草种。在我国北方地区常采用草地早熟禾和羊茅类、结缕草等。

（3）单一观赏草坪　在我国北方地区常选用优质草坪草种，包括草地早熟禾、细羊茅类和翦股颖类进行单播。

（4）山丘地草坪　山丘地草坪主要位于水岸边的斜坡地，是为了防止水土流失而铺设的草地，建植草坪的难度较大。这样就需要选择一些根茎发达、覆盖能力较强、耐干旱、耐寒冷和耐瘠薄的草种。如高羊茅、野牛草、结缕草、狗牙根、紫羊茅、翦股颖等，同时在草地上也可散生一些乔灌木和花卉。

（5）缀花型草坪　缀花型草坪主要供游人观赏用。在植物种类的选择上，应该以禾本科植物为主体，再混有少量开花绚丽的多年生草本植物或花草灌木，例如在草地上自然疏散地点缀有鸢尾、石蒜、葱、百合、玉簪、酥浆草等球根植物。而禾本科植物则可以选择草地早熟禾、细羊茅类、翦股颖类、沿阶草、结缕草和地毯草等。

评分标准

序号	考核内容	具体要求	评分标准	得分
1	草坪草植物学分类	正确说出所属科和属	5	
2	草坪草地理分布	正确说明原产地及在我国的地理分布	10	
3	草坪草生态习性	正确说明对环境条件的要求	20	
4	草坪草形态特性	依据形态特性，能够正确判断草坪草的科属	10	
5	草坪草的繁殖特点	正确描述有性繁殖和无性繁殖的特点，以及繁殖过程中应注意的事项	20	
6	草坪的类型	正确说出草坪的各种类型	15	
7	草坪草选择的原则	正确掌握草坪草选择的原则	20	
合计得分				

思考与练习

1. 简述本课题中所列草坪草最适种植地区。
2. 除本课题中草坪草外，你还见过哪些地被植物？
3. 谈一谈你是如何识别本课题中草坪草的。
4. 本课题中所列草坪草是如何进行繁殖的？
5. 按照不同的分类标准，可将草坪分为哪些类型？
6. 简述选择草坪草的原则。

课题二

直播法建植公园草坪

任务目标

◇能够建植小型公园中部分草坪

◇根据实际生产需要选择不同草坪草种配比

◇掌握直播法建植草坪的技术

任务提出

如图 1—19 所示是北方某城市一公园已建成的部分园路图。现要求以种子直播方式来完成该部分园路的草坪建植。

图 1—19　北方某城市一公园已建成的部分园路图

任务分析

以种子直播方式完成园路周边的草坪种植，主要涉及选择草坪草种子，确定不同草坪草种的配方，播种，以及后期养护新建草坪等内容。

相关知识

一、种子的选择

应选择纯度高、具有适量的种子含水率、没有杂质和发芽率高的新鲜草籽。并具备适宜的温度和适宜的湿度，以及较好的通气状况，为种子萌发准备适宜的条件。

二、草种的混播

冷季型草种可以采用单播，也可以采用两种以上草种的混播。混播草坪可以适应差异较大的环境条件，能快速成坪。混播可以使生活期短的草种为生长缓慢的优良草种幼苗提供遮阴以及抑制杂草、延长绿色期和生长寿命等作用。

混播草种应包含主要草种和保护草种。保护草种一般是发芽迅速的临时草坪草种，其作用是为生长缓慢且柔弱的主要草种遮阴及抑制杂草，而使主要草种（永久性草种）形成稳定的草坪。较好的临时草坪草有多年生黑麦草、紫羊茅，其使用比例不应超过全部草坪的 25%。主要草种也可以由几个品种混播，可以预防病害的迅速蔓延，从而减少对全局的损害。

三、公园常见草坪草种配方

1. 温带庭园草坪的混播方案

50% 草地早熟禾 +35% 紫羊茅 +15% 多年生黑麦草混合。此配方中草地早熟禾在充足的光照条件下居优势地位，紫羊茅在遮阴条件下更适应生长，多年生黑麦草起到迅速覆盖地面而对其他草种起到早期保护作用，几年后则会慢慢地自然消失。

2. 南方温暖湿润地区草坪的混播方案

在南方温暖湿润地区进行草坪草混播时，宜以狗牙根、地毯草或结缕草为主要草种，并可混入多年生黑麦草种子作为保护性草种。其混播比例为：70%狗牙根 +20%地毯草或 90%结缕草 +10%多年生黑麦草。在酸性比较大的土壤上，不宜混入早熟禾类和三叶草类，而要以翦股颖类或紫羊茅为主要草种较适宜，并以小糠草或多年生黑麦草作为保护草种。在碱性或中性土壤上，草地早熟禾常用于混播，也可用于单播。如混播时，则仍以小糠草和多年生黑麦草为保护草种。

3. 其他草坪的混播方案

（1）草地早熟禾与匍匐翦股颖混播，混播比例为：80%草地早熟禾 +20%翦股颖。此配方中，草地早熟禾为主要草种，其单播时生长慢，易为杂草所侵占。匍匐翦股颖为保护草种，其生长快，在早期可防止杂草生长，后期则逐渐被主要草种挤出。

（2）50%草地早熟禾 +30%紫羊茅 +5%普通早熟禾 +5%细弱翦股颖 +10%匍匐翦股颖。

（3）45%细羊茅 +35%紫羊茅 +10%早熟禾 +10%小糠草。

（4）40%羊茅 +30%紫羊茅 +20%细羊茅 +10%小糠草。

（5）30%多年生黑麦草 +30%紫羊茅 +25%细羊茅 +15%小糠草。

（6）要求草坪具有叶质好、刈割后能保持均一的颜色和理想的坪面，则可以采用 70%细羊茅 +30%小糠草或 50%细羊茅 +20%紫羊茅 +30%小糠草的配方。

（7）用于频繁践踏的草地，可以采用 80%黑麦草 +20%普通早熟禾、50%高羊茅 +50%草地早熟禾、70%草地早熟禾 +20%多年生黑麦草 +10%紫羊茅或 80%高羊茅 +20%草地早熟禾等多种配方。

（8）阴地草坪，可以采用 50%多年生黑麦草 +50%普通早熟禾的配方。

在草坪草种混播配方上，除上述多种配方外，还可采用相同草坪草种内不同品种的混合播种。因为同一草种的品种间的抗病性和对环境的适应性有差异，因而采用同一草种而不同品种的混合，能弥补草坪特性单一的缺陷。常用的草地早熟禾和多年生黑麦草的不同品种之间的混合播种，均能形成抗病性强、品质高的草坪。

在草坪草种的选择上，还要注意以下两方面的问题：一是所选的草种在外观上应是基本相似的。二是在混播草种的品种中，至少有一个品种在当地条件下有较好的适应性，并有一定的抗病性。

四、建植新草坪的季节

最适宜的播种期是在温度和水分条件最好和最适宜生长的季节之前，此时进行播种，可使幼苗在不利的环境条件到来之前就能很好的正常生长。另外，选择播种期也要考虑到杂草生长竞争的程度。

在较凉爽的北方地区播种冷季型草种的季节，一般在早春和夏末初秋，最适宜的播种季节是在夏末，也就是温度在 15～24℃之间最为适宜。夏末时，土壤温度高，极利于种子的发芽，在此时播种的冷季型草坪草发芽迅速，只要水、肥和光照等条件适宜，幼苗就能旺盛的生长，并且在以后温度较低的秋季还能抑制部分杂草的生长。而在早春或初夏播种冷季型草种，会增加播种生长的幼苗在炎热、干旱的压力下死亡的可能性，并且此时的条件极有利于杂草的生长。

暖季型草种最适宜的温度大大高于冷季型草种，一般为 26～32℃，因此，春末夏初播种暖季型草种较为适宜。此时播种，可为初生的暖季型草种幼苗提供一个足够的温度条件。

五、播种量

草坪草播种的种子播种量，取决于种子质量、种子的混合组成比例以及土壤状况等因素。种子播种量过小，会降低成坪速度和增加管理的难度和支出。播种量过大，下种量过厚，会增加成本，并会促使真菌病害的发生。一般从理论上讲，播种后要确保在单位面积上有足够的幼苗，即在每平方米面积上有 1 万 ~2 万株幼苗。

可以按照以下公式来计算播种量：

播种量（g/m^2）= 留苗数量（株 /m^2）× 千粒重（g）×10/（1 000× 种子纯度 × 发芽率）

依照上述公式计算出的播种量为理论播种量，实际播种量还应加 20%左右的损耗量。表 1—1 为常见草坪草的播种量。

表 1—1　　常见草坪草的播种量

单位：g/m²

草种	正常密度	加大密度	草种	正常密度	加大密度
小糠草	4～6	8	苇状羊茅	25～35	40
匍茎翦股颖	3～5	7	高羊茅	25～35	40
细弱翦股颖	3～5	7	多年生黑麦草	25～35	40
欧翦股颖	3～5	7	一年生黑麦草	25～35	40
草地早熟禾	6～8	10	猫尾草	15～17	10
林地早熟禾	6～8	10	冰草	15～17	25
加拿大早熟禾	6～8	10	野牛草（头状花序）	20～25	30
普通早熟禾	6～8	10	狗牙根	5～7	9
紫羊茅	14～17	20	结缕草	8～12	20
紫羊茅（匍匐型）	14～17	20	假俭草	16～18	25
羊茅	14～17	20	地毯草	6～10	12
格兰马草	6～10	12			

任务实施

一、播种

根据图 1—19 所示，该公园位于北方地区，因此园路草坪建植主要选择 50% 草地早熟禾 +35%紫羊茅 +15%多年生黑麦草混合播种。

1. 播种步骤

（1）把欲建坪地划分成若干等面积的块（1 m²）或条（每 2～3 m 一条）。

（2）把种子按划分的块数或条数分开。

（3）把种子播在对应的地块。特定的草坪也可以将所需播种量的一半按照南北方向均匀撒播，另一半按照东西方向均匀撒播。

（4）轻轻耙平，使种子与表土均匀混合，为了避免将种子耙到畦的中间去，应小心地沿一个方向耙。

（5）播种后用镇压器轻轻地镇压土壤，以保证种子和土壤能紧密接触。

（6）需要时可加盖覆盖物。

2. 播种方法

常见的播种方式有撒播、条播、点播、纵横式（见图 1—20）、回纹式（见图 1—21）等。

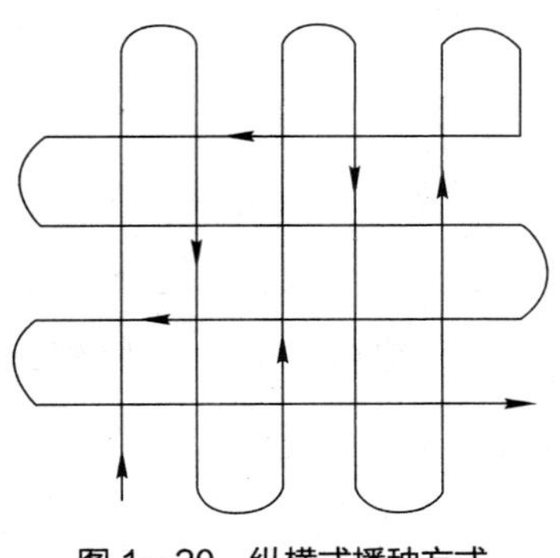
图 1—20　纵横式播种方式

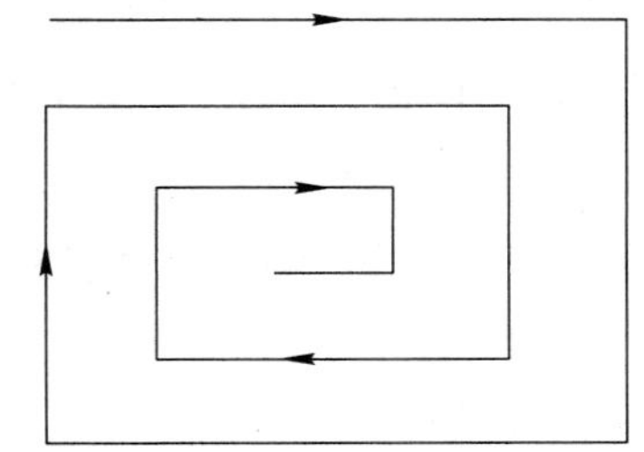
图 1—21　回纹式播种方式

播种可用人工，也可用专用机械来进行，有时也可用水播机进行水播。水播是将种子撒到流水中，借水的力量将种子播到坪床上的一种方法。水播机是一个大容量的具单喷嘴的输送喷雾系统上的喷雾器。水播的优点是可将播种、施肥和其他物质一次施入土壤，并可以较远距离播种。水播也是在坡地实行强制绿化唯一有效的方法。

3. 注意事项

由于所有的草坪草种的种粒都很小，因此在播种时不能深播，种子的体积越小，播种的深度就应该越浅。

草坪播种要求种子均匀地覆盖在坪床上，其次是使种子掺和到 1～1.5 cm 的土层中去。覆土过厚，常常会因种子储藏养分的枯竭而死亡，覆土过浅或不覆土也会有种子流失的问题。

播种时应控制适宜的深度，因此需要一个疏松且易于掺和种子的土壤表面。下种后，对苗床应进行镇压，以保证种子与土壤的良好接触。

在土壤条件良好的情况下，播下的草籽大约 7～14 天发芽。发芽的快慢主要取决于草种、土壤温度和水分含量。种子发芽按一定的次序进行，主要过程是：吸收水分、膨胀种皮、酶的活化、从所储藏的营养物质中释放能量、种皮开裂、幼根的出现和伸长、幼苗的出现和伸长、幼苗开始进行光合作用。

二、覆盖

1. 覆盖方法

用一定的覆盖材料（如稻草、无纺布、塑料薄膜、秫秆等）覆盖播种后的坪床，以减少风、水对种子的吹冲侵蚀和为种子萌发及生长发育提供一个更适宜的小环境。覆盖坪床可以抗风、保湿和防止地表径流的侵蚀，稳定种子和土壤紧密接触，调节地表温度的波动，保护已萌发的种子和幼苗免遭温度波动而引发的危害；减少土壤水分的蒸发，提供一个较湿润的小环境条件；减缓来自降雨和喷灌的水滴的冲击力，并且减少地面板结的形

成，使土壤保持较高的渗透速度。

2. 注意事项

覆盖坪床面不能盖得太厚和太密，应保持一定的缝隙，以免妨碍幼苗对光线的吸收。同时，当幼苗基本出齐时，应及时撤去覆盖物，以免捂伤幼苗和影响幼苗生长发育。撤除覆盖物的时间一定要在阴天或晴日的傍晚，切忌在烈日下进行。撤除覆盖物后，要均匀适度地喷水。

三、新建的草坪养护管理

当幼苗开始生长和发育时，就应开始进行草坪的养护管理，主要内容是灌水、去除杂草、修剪、生长期施追肥和病虫害防治。

评分标准

序号	考核内容	具体要求	评分标准	得分
1	草坪草种混播配方	正确说出混播配方的比例	30	
2	草坪草种的播种方法	正确掌握播种方法	20	
3	草坪草播种量	正确掌握播种量	20	
4	新建草坪的覆盖及简单养护	正确掌握新建草坪的覆盖及简单养护	30	
合计得分				

思考与练习

1. 列举不同地区公园常见草坪草配方。
2. 如何根据实际生产需要来确定草坪草种的播种量？
3. 新建草坪是如何进行覆盖及简单养护的？

课题三

营养繁殖法建植公园草坪

任务目标

◇能够用营养繁殖方法建植小型公园中的部分草坪

◇掌握常见综合公园草坪的营养繁殖方法

任务提出

如图 1—22 所示是南方某沿海城市一综合公园中心广场草坪。现要求以营养繁殖方式来完成该公园中心广场草坪的建植。

图 1—22　南方某沿海城市一公园中心广场草坪

任务分析

以营养繁殖方式完成公园中心广场草坪的建植任务，需要选择建植草坪的草种配方，并采用草皮块密铺法或草坪植生带的铺设来完成草坪的建植。

相关知识

草坪草的繁殖通常有种子繁殖和营养繁殖两种方法。具体选用何种方法建坪则要根据成本、时间要求、种植材料在遗传上的纯度及草坪草的生长特性而定，草坪采用种子繁植成本最低，劳动力耗费最少，但是建成草坪所需的时间较长。而营养繁殖包括铺草皮块、分株栽植、塞植等方法，成本高，劳动力耗费大，其中铺草皮块成本最高，但建坪最快，能够立刻见效成景。有些草种如匍茎翦股颖用上述两种方法均可获得优良草坪，而一些草坪草常因不易获得种子或缺乏足够的扩展能力而不能进行种子繁殖，只能采用营养繁殖方法进行草坪建植。营养繁殖具体包含以下几种方法：

一、用草皮块铺植草坪

1. 密铺法

先将要建坪的土地翻耕整平，保持土壤的湿润。将在苗圃地培育成的草坪草切成长宽各为 30 cm、厚为 2～3 cm 的草皮块，带根铲出，用 30 cm × 30 cm 的胶合板制成托板，装车运到铺草地块。也可用起草机起成宽 30 cm 的草皮带，再用铡刀切成 30 cm × 30 cm 的草皮块。铺装时，草皮块要一块块紧密衔接，铺好后要用 0.5～1 t 重的滚筒或木夯压紧

夯实，压紧后的草坪应是草面和四周土面都平整，使草皮与土壤紧密接触，无空隙，这样可以免受干旱的影响，草皮也容易成活和生长。草皮铺好夯实以后，要立即进行均匀适度的灌水，以固定草皮并使草皮土与下层土壤紧密结合，促进根系的萌发和生长。如果坪地有低凹面，可以覆以松土使之平整。

2. 间铺式

为了节约草皮材料可以采用间铺法。其方法为采用长方形草皮块按照铺块式或梅花式的形式，各块相间排列，呈现较为美观的图案。采用这种方法铺设草坪时，在平整好的地块上，按照相应的图案和草皮厚度将铺草皮处挖低一些，使铺下的草皮与四周土面相平。草皮铺好后进行碾压和灌水，草皮块开始生长后，匍匐茎向四周蔓延生长直至互相接合。

3. 条铺法

把草皮切成 6～12 cm 的长条，草皮长条平行铺植，两条的间距为 20～30 cm，随着生长，半年后可以接合。条铺法的作业方法与间铺式方法相同。

二、分株栽植

分株栽植法在整个生长季节都可以进行。具体做法是：在平整好的地面上以一定的行距开成深度为 5 cm 左右的沟，把从苗圃地里挖出的草苗，分成带根的小草丛，按照一定的株行距栽入沟内。栽植的株行距通常为 15 cm × 20 cm。栽植后应及时进行灌水。此法比铺植法省苗，且有利于根系生长。

三、塞植法（也称点铺法）

这种方法铺草坪的优点是节省草皮材料，但成坪时间长。其具体做法是：将草皮塞（直径 5 cm、高 5 cm 的小柱状草皮柱或 5 m^3 的立方草皮块）以 30～40 cm 的间隙插入坪床，草皮柱的顶部与土壤表面平齐。此法最适于结缕草的铺植，也适于匍匐茎和根茎较强的其他草种。这种方法可以用于建立新草坪或将新草种引入已建成的草坪中。还有一种是用环刀人工挖取直径 10～20 cm、高 4～5 cm 的草坪大塞，用于修补受危害的草坪地。

四、嫩枝繁殖

在生长良好的草坪上选取健壮的营养枝作为嫩枝，每个嫩枝最好带有 2～4 个节，扦插时，为了保证生根，至少有一个节要埋在地下，而带有叶片的另一端则需露出地面，以保证地上部分继续生长。嫩枝扦插完成后，进行人工灌溉。

五、草坪植生带的铺设

草坪植生带是将草种或营养繁殖材料和足量的肥料夹在两层无纺布（或纸）之中，经过复合定位工序，形成一定规格的人造草坪植生带（纸）。

种植时，将植生带（纸）铺于坪面，上面再撒上一层薄土，之后载体（无纺布或纸）腐烂，种子发芽生长，形成草坪。植生带（纸）中夹带着优良的草坪种子和肥料，发芽快、出苗齐、形成草坪快，还能减少杂草的滋生。

植生带铺装草坪是近年来发展起来的新方法，其体积小，质量轻，便于运输、贮藏和铺设，而且具有一定的拉力，不易撒裂且可以防止雨水的冲刷，还能根据绿化的要求进行裁剪、嵌套等，因此适用的范围很广，尤其适合在有坡度的地段上使用（如固土护坡草坪）。

任务实施

根据图 1—22 所示，该南方沿海城市综合公园广场面积在 2 000 m^2 以上，地处海边，气候温暖湿润，集健身、休闲、观景为一体，是公园的中心区域，也是公园的风景设计核心之一。广场草坪专供单一观赏草坪用，一般不允许游人入内游憩和践踏。

因此，综合公园广场草坪应以狗牙根、地毯草或结缕草为主要草种，并可混入多年生黑麦草种子作为保护性草种。其混播比例为：70%狗牙根 +20%地毯草或结缕草 +10%多年生黑麦草。

一、用草皮块密铺法铺植草坪

具体方法参见本模块课题三相关知识中有关内容。

二、用草坪植生带铺设草坪

1. 铺装植生带以前，必须全面翻耕土地，翻耕深度为 20～25 cm，并适当地施入底肥（氮、磷、钾复合肥）。将土块打碎，搂细耙平，并清除残余根系和石块等杂物。在铺装施工前的 1～2 天，要灌足底水，以利保墒。

2. 铺装前，在施工地附近要准备好适量的用以覆盖的细土备用。为了避免在备用细土中带入杂草种子，准备好的覆盖用细土应采用耕作层以下的生土，绝不允许采用混有杂草和杂物的土壤作覆盖土，覆盖土以砂质壤土为好。覆盖细土的备用量是每铺装 100 m^2 的植生带，需备用细土 0.5 m^3。

3. 把成卷的植生带自然地铺放在平整的土壤上，如果土地不平整，可用木板条刮平地

面后再铺植生带。铺放植生带时要将植生带拉直、放平，但要注意不要用力过猛，以免将植生带拉长、拉断。

4. 在铺好的植生带上，均匀地用筛子铺撒事先准备好的覆盖细土，覆盖细土的厚度为 0.3～0.5 cm。

5. 植生带铺装好后，每日早晚都要进行喷水，尤其是在第一次喷水时，一定要喷透，将植生带完全润湿和润透。每日的喷水量以保持铺设地块的土壤湿润为原则。

6. 铺植时进行分区，按植生带的形状切块铺植。如果是斜陡坡则沿等高线方向铺设，铺植后为防止植生带产生位移，应适当用竹签固定，铺植后及时进行浇水。

7. 注意事项：铺植前仔细检查植生带种子是否产生位移，并认真核对种子是否过期以及发芽率是否合格。铺植后要保持植生带的湿度以避免造成芽干苗死。

评分标准

序号	考核内容	具体要求	评分标准	得分
1	草皮块铺植草坪	正确掌握密铺法、间铺法和条铺法	30	
2	分株栽植、塞植法、嫩枝繁殖	正确掌握 3 种营养繁殖方法	30	
3	草坪植生带的铺设	正确掌握草坪植生带的铺设方法	40	
合计得分				

思考与练习

1. 不同地区公园草坪常见的营养繁殖方法有哪些？每种营养繁殖方法适用于哪些草坪草？
2. 采用草坪植生带方法铺设草坪时应该注意哪些问题？
3. 草坪种子繁殖和营养繁殖方法各有什么优缺点？

课题四

综合公园草坪养护与管理

任务目标

◇掌握综合公园草坪的常规养护与管理方法

◇掌握综合公园草坪病虫害的识别及其防治方法

◇掌握综合公园草坪杂草的识别及其防治方法

任务提出

如图 1—23 所示为养护管理不善而退化的草坪，如图 1—24 所示为养护管理良好的草坪。通过必要的养护管理措施，完成图 1—23 中因养护管理不善而退化的草坪的更新复壮。

图 1—23　养护管理不善的草坪

图 1—24　养护管理良好的草坪

任务分析

通过分析图 1—23 和图 1—24 中的四块草坪，可以发现，要想形成一个生长高度均匀、覆盖面大、无裸露地面，耐修剪践踏和机械损伤，无杂草、无病虫害，生长良好、色泽正常、绿色期长，能维持一定营养水平的优质草坪，必要的养护管理措施是必不可少的。

任务实施

要想完成图 1—23 中因养护管理不善而退化的草坪的更新复壮，必须采取相应的养护管理措施。

一、灌溉

种子的萌发是需要一定水分的，营养繁殖的植株和草皮块形成的草坪也都必须有一定的水分条件，才能满足草苗的生长。不及时灌溉是草坪建植失败的主要原因之一，所以草坪地在建植后，应立即进行灌溉，以完全润湿土壤，并保证定时定期地进行灌溉。

在公园的绿地中要安置喷灌系统，以伸缩式、喷灌强度较小、雾状的喷灌系统为好。雾状喷灌不仅能保证草坪草的植株正常生长，同时也能使公园的空气保持湿润，有利于树木和其他花卉植物的生长。

1. 新植草坪应及时进行人工灌水，以雾状灌水为好，以免种子被水冲走，影响发芽。只有保持适时和适量的灌水，才能提高草坪的观赏价值。

2. 草坪幼苗期的灌水深度，一般应保证每次灌水能渗透到土层的 3～5 cm 深，即要使草坪草幼苗的根系活动层深度的土层完全湿润。

3. 随着新植草坪的不断发育生长，灌水的次数可以逐渐减少，但每次的灌水量要逐渐增大，渗水深度应达到 10～15 cm。

4. 灌水时间一般应在早晨进行。在强烈的阳光下进行灌溉，会因蒸发作用损失大量的水分，同时还极容易引起叶片的灼伤。在晚上灌溉易使草苗感染病害。在夏季高温季节白天最热的时候，地面高温容易烫伤草坪草的幼苗，为了适当的降低气温和地温，此时可以进行短暂的喷水，每次 2～3 min。

5. 已建成的草坪每年越冬时，为保证草坪草能安全越冬和翌年返青，在初冬要灌封冻水，灌水深度要达到 20 cm。早春要灌返青水，灌水深度要达到根系活动层以下。

6. 一般应避免频繁和过量的灌溉，使土壤过湿或呈饱和状况。如床面有积水和土壤过湿时，要采取缓慢排除积水的措施。

二、施肥

为了保证新建草坪草能够健壮生长，要依照土壤的肥力状况和草坪草的生长状况增施一定的追肥。追肥是给草坪草提供补充营养物质的重要手段，是草坪养护管理的主要措施之一。

1. 给草坪草施加追肥，应采用含氮量高，并且含有适量的磷、钾的复合肥料，肥料中氮、磷、钾的比例为 5：3：2，也可追施尿素或含 50% 氮的缓效化肥。追肥的施用量为 10～20 g/m^2，一般情况下每年追肥 2～3 次。对于新建的草坪，因根系的营养体还很弱小，所以应采用少量多次的办法进行追肥。

2. 施肥时间。冷季型草坪草每年施肥 2 次，施肥时间在早春和早秋。早春施肥可以加

速草坪草在春天的返青速度，有利于草坪草在夏季时一年生杂草萌生之前恢复损伤处和加厚草皮，以增加抗性。在早秋施加追肥，能延长绿色期，并能促进第二年生长新的分蘖枝和根茎。暖季型草坪草的施肥时间，应在早春和仲夏进行。北方以春施追肥为主，南方以秋施追肥为主。

3. 为了防止化肥颗粒附着在叶面上而引起叶面灼伤，应在叶面干燥没有露水的时候进行追肥，施肥后再立即灌水或将肥料溶于水中进行喷施。

4. 有机肥多用于基肥或表施土壤，一般是 1～2 年施用 1 次，每次施用 1 kg/m^2。施用的有机肥一定要腐熟、过筛，并在草坪完全干燥时施用，当草坪枝叶过于茂密时，应先刈剪，一天后再进行撒施，施肥后应拖平并灌水。

三、修剪

修剪是维持优质草坪的重要手段（见图 1—25）。修剪可以保持草坪顶端有一定的生长，控制不理想的徒长，保持草坪平坦、整洁、鲜绿，提高草坪的美观性，以满足人们观赏和游憩的兴趣和需要。公园中的草坪质量要求高，其管理水平就更要精细，要保持草坪有一个平坦、低矮、均一、整洁的草坪面，以维持鲜绿致密美观的景观效果。

图 1—25　草坪坐骑式修剪机械和手推式修剪机械

1. 修剪高度

新建草坪的草长到 7～8 cm 高时，就应该进行第一次修剪。每次修剪时，修剪去的部分应小于叶片自然高度的 1/3，即必须遵循“1/3”修剪规则。公园的一般性草坪留茬高度为 3～4 cm，在遮阴地（如林下草地）的留茬高度可适当高些，高度可达 6～8 cm。

2. 修剪的时间、次数

根据不同草种生长旺盛状况不同而定。冷季型草坪草在春季约 10 天左右剪 1 次，4—6 月份修剪 6～10 次；在夏季 7—8 月份修剪 4～6 次；在秋季 9—10 月份修剪 3～4

次，全年共修剪 15～20 次。暖季型草坪草的修剪在 5—6 月份修剪 2～4 次；7—8 月份修剪 4～6 次；9—10 月份修剪 1～2 次，全年共修剪 10～15 次。

3. 修剪草坪的注意事项

同一草坪的每次修剪，应避免以同一种方式进行，要避免在同一地点、同一方向的多次重复修剪。另外，由剪草机修剪下来的草屑，应该收集并运出草地，以免草屑覆盖草坪草，而引起草苗发生疾病，甚至死亡。并且草屑遗留在草坪上，也破坏草坪的外观。

四、防除杂草

杂草不但危害草坪草的生长，同时还会使草坪的品质、艺术价值和功能显著退化，尤其是在公园中，杂草会严重影响草坪的外观形象。

1. 手工拔草

手工拔草是一种古老的除草方法，但目前仍有较多的应用，特别是对庭园草坪的杂草清除，手工拔草仍是比较有效的方法，而且不影响草坪的美观。定期进行手工拔草能抑制杂草的生长，减弱杂草的生存竞争能力，以达到防除杂草的目的。

2. 化学药剂防除杂草

化学除草剂能有效地防除杂草，如 2，4—D 类，二甲四氯类化学药剂能杀死双子叶杂草植物，而对单子叶植物很安全。用量为每平方米 0.2～1 mL。另外，还有许多化学除草剂，如有机砷除草剂、甲砷钠除草剂等，可防除一年生杂草。

使用化学除草剂，适宜在温度为 18～29℃时进行，此时杂草正处于旺盛生长状态，会收到较佳效果。

在公园的草坪上施用化学除草剂，一定要严格掌握使用剂量，避免过量。使用时要注意不要将除草剂喷洒到其他的树木、灌木、花卉上，以免其他园林植物受到药害，并注意人身安全。

五、病虫害的防治

1. 要尽量为草坪创造适宜的栽培生长环境，促使草坪植物能够茂盛和健壮的生长。例如：选用无病虫的种子和草皮，采用改良土壤增加透气性，加强肥水的管理（平衡施肥量、合理进行排灌），创造良好的排水状况，适度修剪，减少枯草层等，这样将大大降低草坪草霉菌、病毒等病菌发生的可能性。

2. 在草坪草发生病害时，应及时使用杀菌剂在草坪植株表面喷洒，常用药剂有代森锰锌、多菌灵、百菌清、普力克、福美双等。使用时要注意药液浓度要适度。

3. 杀菌剂具有防治和预防病虫害的作用，所以一般在春天可喷药进行预防，在草坪草

发病前可喷洒适量浓度的药剂进行治疗。

4. 喷药次数主要根据药液残效期的长短来确定。一般情况下可以 7～10 天喷 1 次药，总共喷洒的次数根据发病情况而定。

5. 在使用杀菌剂时，要交替使用效果相似的多种杀菌剂，以防止抗药菌丝的产生和发展。

六、草坪的休养生息

1. 对公园中供游人游憩的开放型草地，尤其是活动频繁的草地，在早春草坪还未返青前，应预先采取措施加以保护，例如设置暂停开放标志，也可以采取轮流开放的办法，让草坪自然得到恢复，待草坪生长良好后再恢复使用。

2. 对草坪踩踏损坏严重的地方，即已形成光秃的地段，要及时松土、施肥，适当添补草籽或补植草皮块，以填补空、秃地段。

评分标准

序号	考核内容	具体要求	评分标准	得分
1	草坪的灌溉	正确掌握灌水深度、次数及时间	15	
2	草坪的施肥	正确掌握肥料的种类、配比，施肥的时间、方法	15	
3	草坪的修剪	正确掌握草坪修剪的高度、修剪的时间和次数、修剪的方式和方向	20	
4	草坪的除草	正确掌握化学除草剂的类型、用量、使用时间及注意事项	15	
5	常见草坪病虫害的防治	正确掌握常见草坪病虫害的防治，并能够初步掌握化学杀虫剂、杀菌剂的类型、用量、使用时间及注意事项	25	
6	草坪的休养生息	对草坪踩踏损坏严重的地方，正确掌握休养生息的方法	10	
合计得分				

思考与练习

1. 草坪的常规养护管理措施包括哪些？

2. 草坪在养护管理过程中，如何掌握肥料的种类、配比、施肥的时间、施肥的方法？

3. 草坪在养护管理过程中，如何掌握草坪修剪的高度、修剪的时间和次数、修剪的方式和方向？

4. 草坪的杂草防除方法有哪些？在杂草的防除过程中，如何掌握化学除草剂的类型、用量、使用时间？应该注意哪些事项？

5. 如何进行草坪病虫害的防治？

6. 草坪在养护管理过程中，如何正确掌握化学杀虫剂、杀菌剂的类型、用量、使用时间？应该注意哪些事项？

7. 草坪的休养生息措施包括哪些？

实训一 草坪杂草与防治

一、实训目的

杂草是一个相对的概念，指的是目的栽培物（草坪草）以外的所有植物。杂草影响草坪的美观，同目的栽培物（草坪草）争夺光、肥、水、气、热，还容易滋生病虫害，实训时要熟悉常见的杂草并了解其生物学特性，以便防治和根除。杂草在不同时段有不同的防治方法，但总的原则是以预防为主，除早、除小、除了。

二、材料和工具

材料：除草剂、实验样地等。

工具：喷雾器、铲刀等。

三、草坪常见的杂草

1. 禾草类

在草坪上发生危害的一年生禾草主要有马唐、稗草、牛筋草、野燕麦、雀麦、狗尾草、画眉草、一年生早熟禾等。多年生禾草主要有白茅、双穗雀稗、狗牙根、狼尾草、鼠尾粟、铺地黍等。

2. 阔叶草类

草坪上一年生阔叶草主要有猪殃殃、苋、藜、地肤、老鹳草、扁蓄、尼泊尔蓼、粟米草、龙葵、酢浆草、马齿苋、加拿大蓬、胜红蓟、辣子草、飞蓬、圆叶牵牛、打碗花、菱陵菜等。多年生阔叶草主要有飞扬草、石生繁缕、艾蒿、土荆芥、问荆、马蹄金等。

四、草坪杂草发生特点

春季发生型：主要是以种子萌发的杂草。在南方，2—3 月份开始萌发出苗。在北方，3—4 月份开始萌发出苗。灌溉条件好或早春雨水多时，杂草发生较早而且危害较重。禾草

和阔叶草均有发生。

夏季发生型：在温度升高并降雨后开始萌发，7—8 月份达生长高峰期，8—9 月份开花结实后地上部分枯死。禾草和阔叶草发生量都很大。

秋季发生型：9—10 月份开始萌发生长，11—12 月份达生长高峰期，12 月份至翌年 2 月份开花结实后植株枯死。以阔叶草发生为主。

冬季发生型：11—12 月份开始萌发生长，以幼苗越冬，翌春或夏季种子成熟后地上部分枯死，主要发生于管理差的退化草坪。以阔叶草发生为主。

五、草坪杂草的防除方法

1. 减少杂草种子来源

（1）严格杂草检疫制度，加强种子检疫工作　目前我国冷季型草坪草种子大约 90% 从国外引进，因此，严格杂草检疫制度，加强种子检疫工作，是防止外来杂草及危险性杂草传入、蔓延危害的重要保障。

（2）选用无杂草的草坪种子　购买草坪草种子进行播种时，应选用有质量检测证书、无杂草的草坪种子。

（3）场地清理　清除路边荒地杂草，可防止杂草种子、地下根茎向草坪地扩散。草坪播种前要清除地面植被及其地下根茎，有条件的可使用熏蒸剂进行土壤消毒，既可杀灭杂草，又可除虫、防病。

2. 诱杀杂草

土壤中有大量杂草种子存在，其种子在土壤中可存活多年。为了减少草坪播种时杂草的发生量，可在播种前进行诱杀。即在播种前灌水，提供杂草萌发的条件，让其出苗。待杂草出苗齐后，喷施灭生性除草剂将其杀灭。这样可消灭土壤表层中大部分杂草种子。诱杀后再播种草坪，杂草的发生量则会减少。

3. 人工除草或机械修剪

人工除草劳动强度大，费工、费时。对于零星少量发生的杂草或一些难防除的杂草，可采用人工拔除，但是在大面积种植草坪的情况下，不能完全依赖人工除草，另外，人工拔除杂草还会破坏草地。适时使用机械修剪也是防除杂草的一项有效的措施，因为大多数杂草不耐频繁的修剪。

4. 化学防除

化学防除是草坪杂草防治中不可缺少的重要技术措施。化学防除的关键是除草剂的选择。草坪杂草的化学防除通常分为种植前处理、播后苗前处理、草坪生长期处理和草坪休眠期处理四个时期。种植前处理和休眠期处理采用灭生性除草剂茎叶喷雾。播后苗前处理采用土壤处理，主要应用于采用直播方式种植的草坪。草坪生长期处理采用芽期除草剂土壤处理和杂草出苗后 3～5 叶期茎叶处理。

（1）一年生杂草的防除

1）播后苗前土壤处理。在新种植草坪时，可在播后苗前施用除草剂进行土壤封闭处理，防止杂草发生。常用的除草剂有环草隆（不能用于狗牙根和翦股颖）、地散磷（不能用于早熟禾）、恶草灵（不能用于羊茅和翦股颖）等。在豆科草坪播后苗前处理时，可用二甲戊乐灵、甲草胺、异丙甲草胺等除草剂来防除一年生禾草和小粒种子阔叶草。

当杂草萌生后，可使用非选择内吸性除莠剂（主要是草甘膦），能够有效地抑制杂草的竞争力。在冷地型草坪草播种后，立即使用萌发前除莠剂环草隆，可有效地防治大部分夏季一年生禾草和某些阔叶性杂草的发生。当草坪定植后，使用萌后除莠剂，可有效地抑制杂草对幼小草坪草的竞争力。

大多数除莠剂对幼小的草坪草均有较强的毒害作用，因此，除莠剂的使用通常要推迟到草坪植被发育到足够健壮的时候进行。在第一次修剪前，通常不使用萌后除莠剂（2，4—D，二甲四氮丙酸和麦草畏）或者减至正常施量的一半使用（每平方米使用 0.046 g 2，4—D+0.012 g 麦草畏）。为消灭马唐及夏季一年生禾草，可使用有机砷制剂，施用时间应放至第二次修剪后，用量也要减少一半。从邻接草皮块缝隙中长出的杂草，可使用萌前除莠剂，时间应推迟到播种后 3～4 周进行。

播后苗前施用除草剂的风险性大，极易出现药害。选用的除草剂应根据草坪的种类和环境条件来确定。在大面积施用前应先小面积试验，取得成功后再大面积应用。

2）生长期土壤处理。为了防止草坪杂草的发生、危害，一般采用芽期除草剂土壤处理，即在草坪休眠期或初春土温回升至 13~15℃时，草坪灌水开始返青后，施用芽期除草剂。

常用芽期除草剂有丁草胺、异丙甲草胺、杀草丹、甲草胺、氟草胺、恶草灵、萘丙酰草胺、二甲戊乐灵、乙氧氟草醚、扑草净（不能用于阔叶草草坪）、西草净等。一般持效期 30～50 天。

3）茎叶处理。在杂草 3~5 叶期，使用选择性除草剂进行茎叶处理，可单用或混用。常用除草剂有快灭灵、氯氟吡氧乙酸、2，4—D、二甲四氯等，可用于在禾草类的草坪上防除猪殃殃、繁缕、小旋花、蓼、苋、空心莲子草等阔叶草。

（2）多年生杂草的防除　该类杂草的化学防除应以非选择性除草剂播种前处理以及草坪休眠期处理、生长期选择性定向茎叶处理为主。

1）播前茎叶处理。在草坪建植前采用灭生性输导型的除草剂防除建植地的杂草，如草甘膦（10%水剂、41%水剂、74%颗粒剂）、百草枯等茎叶喷雾，可大大减少杂草种子

源，对多年生杂草尤其有效。

2）生长期茎叶处理。根据草坪类型选用选择性除草剂，如在阔叶草坪上防除禾草，可选用烯禾定、吡氟氯草灵、吡氟禾草灵等。防除禾本科草坪上的阔叶草，可选用2，4—D、快灭灵（F8426）、氯氟吡氧乙酸等。另外，对一些难防的多年生禾草可采用灭生性除草剂（如草甘膦）定向喷雾来防除。同时结合补种，防止杂草的再发生。

六、注意事项

选择除草剂前要认真阅读说明书，现代除草剂的种类很多，商品名称复杂，一定要弄清除草剂的成分，对目标草是否有危害，是否有药物残留物等。在施用过程中也要严格按规程执行，做到药量准确、施药均匀。施药宜在无风或微风的天气下进行，施药前1～2 h可对草坪灌水，施药后12 h内不宜浇水。

七、综合练习

1. 认识常见的杂草并了解其生物学特性。
2. 认识常用的除草剂并掌握其使用要点。
3. 掌握除草剂的配制和喷洒方法。

实训二　草坪病虫害防治

一、实训目的

了解常见草坪病虫害危害的症状，能准确识别和防治。草坪病虫害，尤其是草坪病害对草坪的危害非常大，轻则影响草坪景观和坪质，重则会使整块草坪失去利用价值，所以进行草坪病虫害防治十分重要。

二、材料与工具

材料：草坪病虫害样地、常用杀虫剂、杀菌剂等。

工具：放大镜、照相机、喷雾器等。

三、常见草坪病害及其防治

草坪病害是指草坪草受到病原生物侵染或不良环境的作用，发生一系列生理生化、组织结构和外部形态的变化，其正常的生理功能偏离到不能或难以调节复原的程度，生长发育受阻甚至导致死亡，最终造成破坏景观效果和造成经济损失的后果。

1. 根部和茎基部病害

（1）褐斑病 特征：草坪上呈圆斑状病害，受侵染的叶片开始呈水浸状并变暗，最后干枯，并变成暗褐色，病斑直径最大可达 2 m。清晨草坪的草斑块边缘可出现黑色烟状圈，如图 1—26 所示。危害对象：黑麦草、高羊茅、早熟禾、翦股颖。防治方法：①注意排水，低氮施肥；②敌菌灵、百菌清、代森锌等药剂防治。

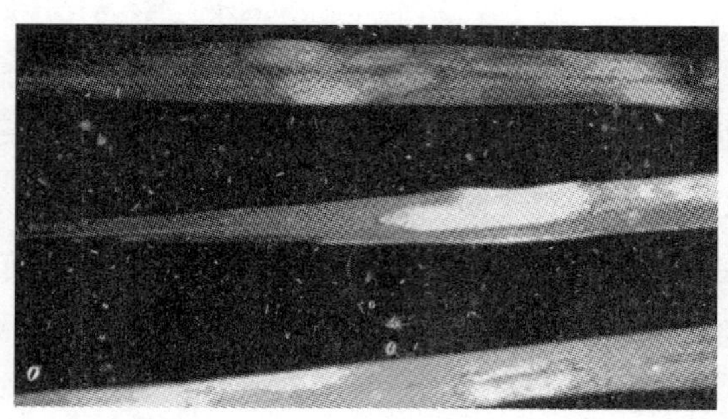

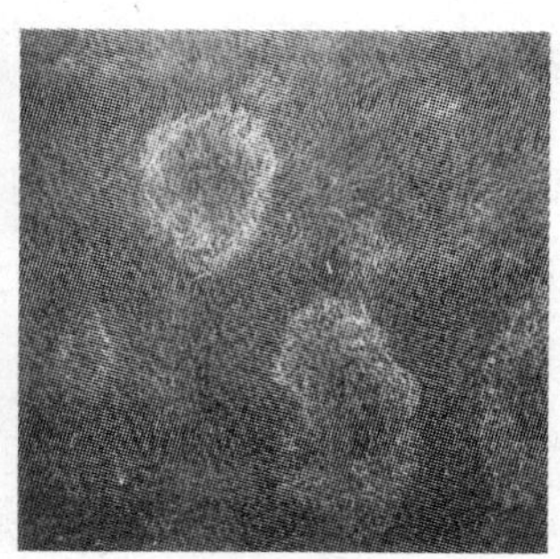

图 1—26 褐斑病

（2）币斑病 特征：草坪上有圆形，漂白色或稻草色的斑，早晨可观察到灰白色毛状的菌丝，如图 1—27 所示。危害对象：大多数草类植物，如翦股颖、细羊茅、狗牙根、一年生黑麦草。防治方法：①去除露水；②用百菌清、代森锌、代森锰锌、多菌灵、甲基托布津等药剂防治。

（3）腐霉枯萎病 特征：在高温高湿条件下，腐霉菌侵染导致根部、根茎部、茎、叶变褐腐烂。发病时首先出现直径达 15 cm 的圆状斑或伸长的条纹，菌丝体灰白色，呈絮状生长，当草、茎干燥时，菌丝体消失，草叶枯萎，变成绿红色，如图 1—28 所示。危害对象：冷季型草种及狗牙根、假俭草等。防治方法：①加强草坪管理，合理灌水；②用甲霜灵 + 百维灵或甲霜灵 + 乙磷铝药剂混合使用。

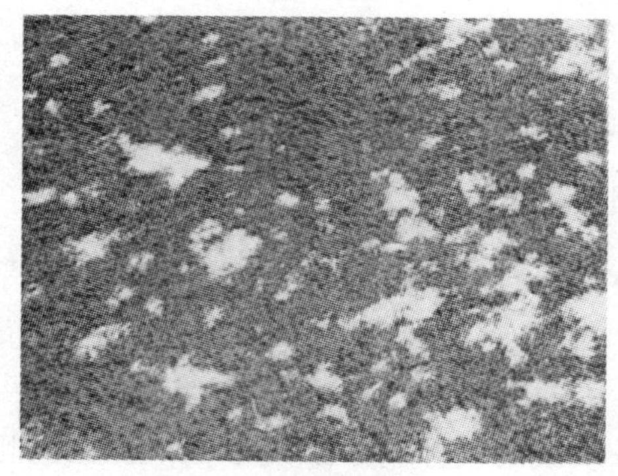

图 1—27 币斑病

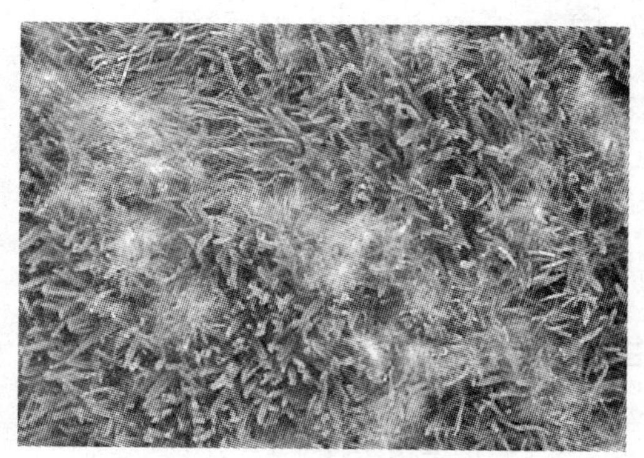

图 1—28 腐霉枯萎病

（4）镰刀菌病害 特征：幼苗出土前后被侵染，种子根腐烂变褐色，严重时出现烂芽

和枯苗，发病较轻时，幼苗黄瘦，发育不良。成株后根、根颈、根状茎和匍匐茎基等部位干腐，变褐色或红褐色，变色部位还可由根颈向茎秆基部发展，形成基腐，潮湿时，根颈和茎基部叶鞘与茎秆间生有白色至淡色菌丝体和分生孢子团。危害对象：假俭草、草地早熟禾和其他草种。防治方法：①增施磷、钾肥，春夏控制氮肥，合理灌水；②多菌灵、甲基托布津等药剂防治。

（5）炭疽病　炭疽病是一种散布广泛的真菌病害，可侵染几乎所有的草坪草。病菌主要造成根、根茎、茎基部腐烂，以茎基部症状最为明显。病害发生时，草坪上出现枯草斑，呈红褐色—黄色—黄褐色—褐色的变化。防治方法：①均衡施肥，增施磷、钾肥；②避免在午后或晚上浇水，应灌透水，尽量减少浇水次数；③保持土壤疏松；④适当修剪，及时清除枯草层；⑤种植抗病草种和品种；⑥发病初期进行药剂防治。

2. 茎叶部病害

（1）锈病　特征：主要危害叶片、叶鞘或茎秆，在感病部位生成黄色至铁锈色的夏孢子堆和黑色的冬孢子堆，被锈病侵染的草坪远看是黄色的，如图1—29所示。危害对象：草地早熟禾、多年生黑麦草、匍匐翦股颖、结缕草、狗牙根。防治方法：①种植抗病品种；②25%的三唑类酮可湿性粉剂1 000～2 500倍液喷洒；③增施磷、钾肥，适量施用氮肥，合理灌水。

（2）白粉病　特征：侵染的草皮呈灰白色，后变污灰色、灰褐色，后期在霉层中生出棕色到黑色的小粒点。随病情的发展，叶片变黄、萎缩直至死亡，如图1—30所示。危害对象：早熟禾、细羊茅、狗牙根。防治方法：①种植抗病品种；②使用25%多菌灵500倍液、70%甲基托布津1 000～1 500倍液、50%退菌特1 000倍液药剂防治。

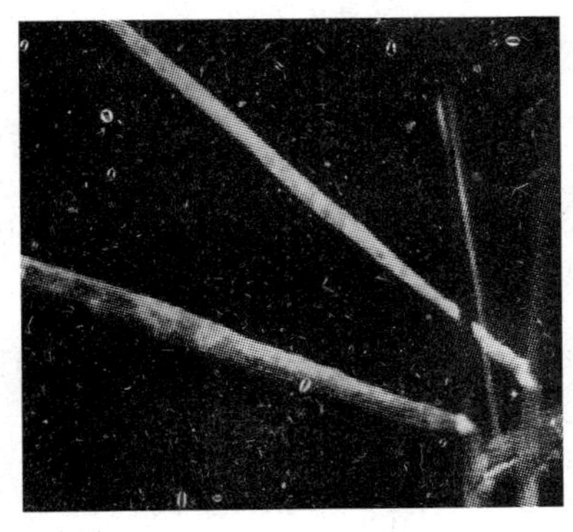
图1—29　锈病

图1—30　白粉病

（3）黑粉病　特征：草叶变浅黄色，叶片逐渐卷曲并沿叶片长度出现平行的黑色条纹；出现黑色烟灰状的粉末；受侵害时间长的叶片变弯曲，并从顶部向下碎裂，如图1—31所示。危害对象：草地早熟禾、匍匐翦股颖。防治方法：①种植抗病品种；②施用三唑酮或多菌灵进行防治。

（4）叶枯病 特征：叶片和叶鞘上出现水浸状椭圆形小病斑，继而病斑变褐色，周边叶组织变黄色，病斑逐步增大，出现大量死叶死蘖，草坪变稀薄，草地上形成不规则的枯草斑，如图1—32所示。危害对象：草地早熟禾、羊茅、黑麦草、狗牙根。防治方法：①加强水肥管理；②用代森锰锌、福美双等药剂防治。

图1—31 黑粉病

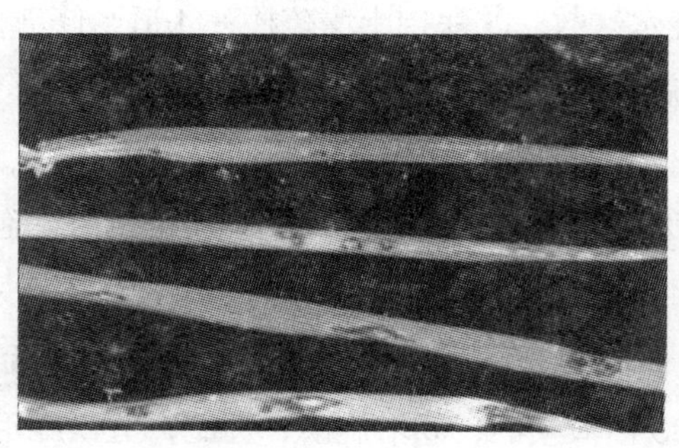

图1—32 叶枯病

（5）德氏霉叶枯病（根腐病） 德氏霉叶枯病是一类世界各地均有分布的真菌病害。通常在春、秋季或温暖干燥时期以及寒冷过后马上出现干旱时发生。叶斑病症发生以后还会出现枯焦以及根、根状茎和冠部的腐烂症状。

病害防治可选用抗病和耐病草种、品种并混合种植。科学养护管理包括适时播种，合理施肥、灌水，及时修剪，及时清除病残体和残叶，建植时进行药剂拌种和及时做好生长期的药剂防治。

（6）离蠕孢叶枯病（根腐病） 离蠕孢叶枯病主要侵染画眉草亚科和黍亚科草，而狗牙根离蠕孢可以侵染所有草坪草，主要危害叶、叶鞘、根和根茎等部位。防治方法同德氏霉叶枯病。

（7）弯孢霉叶枯病（凋萎病） 发病草坪衰弱、稀疏，有不规则形枯草斑。枯草斑内草株矮小，呈灰白色枯死。防治方法同德氏霉叶枯病。

（8）其他病害 包括红丝病、霜霉病、仙环病、喙孢霉叶枯病、壳二孢叶斑病、尾孢叶斑病、壳针孢叶斑病、灰斑病、铜斑病、黑孢枯萎病、眼斑病、褐条斑病、黑痣病及粘霉病等。

3. 线虫病害

线虫病害在各地均有发生，可侵染所有草坪草。在暖温地带、亚热带及较凉爽地区均可发生。有些线虫本身就可携带病毒、真菌、细菌等病原物而引起病害。当天气炎热、干旱、缺肥和遇到其他不良环境时，症状更明显。

防治措施：保证使用无线虫的种子、无性繁殖材料（草皮、匍匐茎或小枝等）和土壤（包括覆盖的表土）建植新草坪。对已被线虫侵染的草坪进行更新时，最好先进行土壤熏蒸，溴甲烷、棉隆和2—氯异丙醚是目前较好的土壤熏蒸剂。多次、少量的灌水能较好地控制线虫病害。合理施肥，增施磷、钾肥。适时松土，清除枯草层。生物防治或生态防治，植物根际宝对植株有显著的保护作用，且能有效克制线虫侵染。

4. 病毒病害

病毒病害症状主要表现在叶片均匀或不均匀褪绿，出现黄化、斑驳、叶条斑，还可观察到植株不同程度的矮化，出现死蘖枯叶，甚至整株死亡等。种植抗病草种、品种并混合种植是防治病毒病害的根本措施。科学养护管理能有效地减轻病害，如避免干旱胁迫、平衡施肥、防治真菌病害等措施均有利于减少病毒危害，例如，灌水可以减轻线虫传播的病毒病害，治虫防病可以防治虫传播的病毒病害等。

5. 细菌病害

细菌病害症状主要表现为叶片出现小黄斑并愈合成长条斑，或出现大块且散乱的深绿色水渍状病斑，病斑迅速干枯并死亡，或出现细小（直径 1 mm）的水渍状病斑，病斑不断扩大，变成灰绿色，然后变成黄褐色或白色不规则长条斑或斑块，整片叶死亡。潮湿时会从病斑处渗出菌脓。

种植抗病草种、品种并混合种植是防治细菌病害的关键措施。匍匐翦股颖品种和狗牙根品种较易感病。精心管理、合理水肥、注意排水、适度剪草、避免频繁表面覆土等措施都可减轻病害。使用抗菌素，如土霉素、链霉素等对细菌病害有一定的防治效果。

6. 检疫性病害

检疫性病害包括禾草腥黑穗病、禾草全蚀病、翦股颖粒线虫病等。

四、常见草坪害虫及其防治

草坪害虫主要是通过取食和产卵行为对草坪草产生危害，部分害虫产生的分泌物也可对草坪草造成一定的危害。具咀嚼式口器的害虫能将草坪草的茎叶等组织吃掉，使草坪草的叶片、茎秆出现缺刻、孔洞，甚至被切断，使根部切断或呈撕裂状况。具刺吸式口器的害虫是将口针刺入草坪草体内，吸食体液，使草坪草的茎叶产生褪绿的斑点、条斑、扭曲、虫瘿，甚至传播病毒病而使植株畸形、矮化等。叶蝉和飞虱等害虫在草坪草茎叶上产卵时，造成伤口，严重时可引起植株枯萎和死亡。蚜虫和介壳虫等产生的分泌物污染草坪茎叶，影响光合作用，甚至引发霉污病等而伤害草坪草。

1. 根部与根茎部害虫

（1）蛴螬　蛴螬是鞘翅目金龟甲总科昆虫幼虫的通称，是危害草坪最重要的地下害虫之一。蛴螬取食禾草的根部，在危害严重时，草坪植株萎枯，变为黄褐色，甚至死亡。被咬断根系的草皮很容易被大面积掀起，造成对草坪的破坏。

防治措施：目前仍以化学防治为主，辛硫磷是最佳药剂。加强水肥管理，促进根系生长，可提高抗虫能力。结合栽草、补草工作进行人工捡拾也很有效。

（2）金针虫　金针虫是鞘翅目叩头甲科昆虫的幼虫。金针虫很少大量发生到对草坪产生严重危害的程度。金针虫对草坪草的危害状况和危害时期与蛴螬相似，可与蛴螬同时进行调查和防治。

防治措施：对沟金针虫发生较多的草坪应适时灌水，保持土壤湿润，抑制其发生，进行一次大水重灌，可迫使其向深层移动，给草坪幼苗争取一段生长壮大的时间，以提高幼苗抗虫能力。对细胸金针虫发生较多的草坪，应适当保持干燥，以减轻危害。化学防治法可参考对蛴螬的防治。

（3）地老虎　地老虎是鳞翅目夜蛾科切根夜蛾亚科的害虫。地老虎喜温暖潮湿的环境，一般以春秋两季危害较重。地老虎以幼虫危害草坪植物，低龄幼虫将叶子咬成洞缺刻，高龄幼虫则在近地表处把茎部咬断，使整株枯死。大量发生时，草坪呈现“斑秃”，造成严重危害。地老虎的主要天敌有中华广肩步甲和螟蛉绒茧蜂等。

防治措施：可用黑光灯及糖醋液诱杀成虫，这也是一种有效的测报措施。幼虫在 3 龄以前，食量很小，仅占总食量的 3%，4 龄以后食量猛增，因此，准确测报是适期防治的关键。高龄幼虫残存量大时，人工拨开表土层捡拾也是有效的补救措施。

（4）蝼蛄　蝼蛄是直翅目蝼蛄科昆虫。东方蝼蛄属世界性害虫，在我国也普遍发生，以南方危害严重，华北蝼蛄则在北方发生危害较重。一年中有春季和秋季两个危害高峰期。蝼蛄的成虫与幼虫均产生危害，一种危害方式是咬食地下的种子、幼根和嫩茎，把茎秆咬断或撕成乱麻状，使植株枯萎死亡，另一种危害方式是在表土层穿行，打出纵横的隧道，使植物根系失水、干枯而死。

防治措施：以药剂防治为主，其他措施也不可忽视，如人工挖窝灭虫，顺蝼蛄打的新隧道铲去表土后，可发现其洞穴，然后向深处挖可以找到蝼蛄，还可利用其对灯光和马粪等的趋性进行灭虫。

2. 叶部害虫

（1）黏虫　黏虫是鳞翅目夜蛾科昆虫，属间歇性大量发生的害虫，防治关键是要做好预测预报工作，目前仍以药剂防治为主。有条件的地方，放鸡、鸭啄食，也可收到良好效果。黏虫的天敌有多种卵寄生蜂、茧蜂、姬蜂、步甲和蜘蛛等。

（2）斜纹夜蛾 斜纹夜蛾是鳞翅目夜蛾科昆虫。幼虫 3 龄以前取食叶肉，叶片呈现白纱状斑，4 龄后进入暴食期，将叶片咬出缺刻，甚至把叶片吃光，并产出大量虫粪，污染草坪。斜纹夜蛾为暴发性害虫，应做好预测预报工作，在 3 龄前进行药剂防治。

（3）草地螟 草地螟属鳞翅目螟蛾科。幼虫最适发育温度为 25～30℃，高温多雨年份容易发生，幼虫取食叶肉组织，造成对草坪的伤害。草地螟为间歇性暴发的害虫，应采用灯光诱杀成虫、中耕除草灭卵以及药剂防治技术进行防治。

（4）蝗虫 蝗虫属直翅目蝗科，危害草坪的种类很多。蝗虫的食性较广，喜食禾本科草坪植物，成虫与若虫（又称蝗蝻）均取食叶片和嫩茎，咬成缺刻，大量发生时可把植物吃成光秆或全部吃光，是危害农、林、草业的最主要害虫之一。蝗虫的天敌很多，如鸟类、蛙类、螨类及病原微生物等。防治方法为在虫量小时，用捕虫网人工捕捉；发生量大时应进行药剂防治，在低龄若虫期施药。近年来利用蝗虫微孢子虫制剂防治，已取得显著效果。

（5）盲蝽 盲蝽属半翅目盲蝽科，以刺吸式口器危害草坪，被害的茎、叶上出现褪绿斑点，严重受害的植株，叶片是灰白色或枯黄色。一般的检查方法是查看草的被害状和用捕虫网扣捕活虫，根据被害状的明显程度及虫口数量确定是否防治。若虫期为最适的防治时期。

（6）叶蝉 叶蝉属同翅目叶蝉科。加强水肥管理可提高寄主的抗虫能力。测报方法与盲蝽类相似，根据植物被害状的明显程度和虫口数量确定是否防治，尽量在若虫期进行防治。

（7）飞虱 飞虱属同翅目飞虱科。防治方法可参见叶蝉的防治。

（8）蚜虫 蚜虫属同翅目蚜科。蚜虫的天敌有瓢虫、草蛉、食蚜蝇、蚜茧蜂、蚜小蜂等，应注意对其天敌的保护和利用。

五、其他有害动物及其防治

1. 软体动物

危害草坪的软体动物主要有蜗牛和蛞蝓。危害草坪有 2 种方式，一种方式是直接取食植物叶片、嫩茎和芽。另一种方式是在爬行过的地方留下黏液痕迹，污染草坪。此外，它们排出的粪便也可污染草坪。

防治方法：①人工捕捉：在发生量小时，人工捡拾，集中杀灭；②施用氨水：用稀释成 70～100 倍的氨水，于夜间喷洒；③撒石灰粉：用量为 75～112.5 kg/hm^2；④施药：用 8%灭蜗灵颗粒剂或用蜗牛敌（10%多聚乙醛）颗粒剂 15 kg/hm^2 杀灭蜗牛，用蜗牛敌加豆饼加饴糖（1∶10∶3）制成毒饵撒于草坪杀灭蛞蝓。

2. 蚯蚓

蚯蚓属环节动物。蚯蚓生活于草坪土壤中，取食土壤中的有机质、草坪枯叶、根等，夜间爬出地面，将粪便（主要是泥土）排泄在地面上，在草坪里形成许多凹凸不平的土堆，影响草坪美观。

防治方法：可用 14％的毒死蜱颗粒剂 22.5 kg/hm^2 或用 40.7％的毒死蜱乳油浇灌，用量 2 L/m^2，兑水 200 L。

3. 鼠类

鼠类是小型哺乳动物，如地鼠、鼹鼠、家鼠等，它们常在草坪中挖出大量洞穴，在地下打隧道、筑巢或寻找食物等，对草坪造成严重危害。

防治方法：①毒饵：在 1 m^2 草地上用 50％可湿性毒死蜱 4.5 g 加水 2 L 并与 18 g 糠或干饲料充分拌匀撒施；②用专门的诱捕器捕捉。

六、注意事项

使用化学药品时一定要注意安全，一般化学药品均具有一定毒性，在使用过程中要注意对人身的防护，要选择无风或微风的天气按规定进行喷洒，喷洒时严格控制药量，不可漏喷、多喷，以避免带来其他副作用及降低施药效果。

七、综合练习

1. 仔细观察常见的草坪病害，掌握其特征并进行分辨。
2. 认识了解常见的杀菌剂并能熟练地配比使用。
3. 认识常见的草坪害虫，掌握其防治方法。

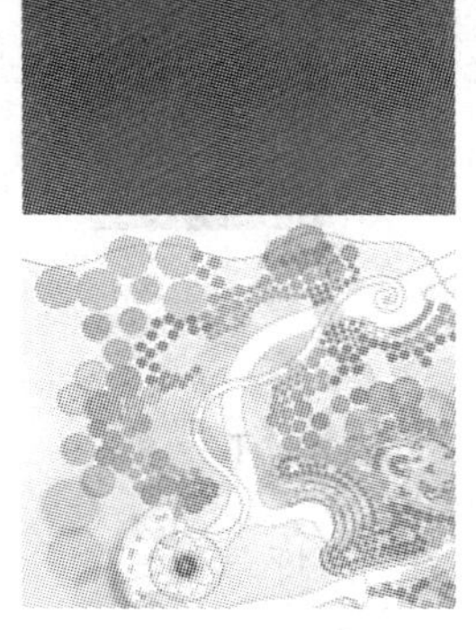

模块二

观赏草坪的建植、养护与管理

课题一

观赏草坪坪床准备

任务目标

◇掌握观赏草坪的一般整地程序

◇了解观赏草坪的土壤改良方法

◇掌握整地机械（旋耕机等）的正确使用方法

◇掌握土壤改良的具体操作

任务提出

如图 2—1 所示为某地已经建成的两块观赏草坪。现要求在这两块观赏草坪建成前进行坪床准备，为草坪建植做好前期基础工作。

图 2—1　某地已建成的两块观赏草坪

任务分析

草坪草生长的外界条件包括气候条件和坪床条件，气候条件是不可改变的，因此，坪床条件的好坏将直接影响草坪草的生长发育状况。坪床制备的过程是草坪建设中最基础的环节。

建设一块观赏草坪，坪床准备工作主要包括场地的清理、翻耕平整、基肥与有机质和石灰的施用、土壤的改良、排灌设施的安装等。

相关知识

一、观赏草坪的概念

所谓观赏草坪，是指设立于园林绿地中，专供景色欣赏的草坪，也称装饰性草坪或造型草坪。这类草坪一般不允许入内践踏，栽培管理极为精细，草坪品质也极高，是作为艺术品供人观赏的高档草坪。观赏草坪面积不宜过大，草以低矮、茎叶密集、平整、绿色期长的草种为宜。

观赏草坪主要体现自身的景观效果，也可以配置花坛等来进行衬托，或者配以雕塑、喷泉等来增加其观赏性，如雕像喷泉、建筑纪念物等处用作装饰和陪衬的草坪，用草皮和花卉等材料构成的图案、标牌等。在城市建设中，观赏草坪往往结合城市的特色建立于各种广场、特色景观或者主题公园中。

观赏草坪属于常见草坪，该草坪的建植、管理等操作相对比较成熟，该种草坪不同于高尔夫草坪、足球场草坪等对建植养护的要求比较高或有特殊要求的草坪，草坪建植的一般步骤都适用于该种草坪。

二、草坪建植场地的清理

草坪建植场地的清理主要是尽量清除或减少影响草坪建植和草坪草良好生长的障碍物，如树木、灌丛的清挖，石块、瓦砾等建筑垃圾的清除，田间杂草的防除等。

1. 木本植物的清挖

木本植物包括仍存活的和虽然地上部分已经死掉，但仍在土壤表面留有树桩、树根等的乔木、灌木。对于正常生长的树木可以视其价值决定是否进行移栽或连根拔除。而对于地上部分已死掉的那些仍残留在土壤表面的树桩、树根等则必须全部挖除，以免其在未腐烂时影响草坪草的生长发育，而其在地下腐烂后又会使坪床形成洼地，破坏草坪，还可能引发病害的滋生。

2. 石块、瓦砾的清除

观赏草坪往往是伴随主题景观的建设而开展的，草坪的建植多是在建筑工程施工完成之后才开始进行，因此，建坪时的石块、砖块、水泥块、瓦砾等建筑垃圾的清除是必不可少的。对于比较严重的建筑垃圾，如石块、瓦砾等，或者将其移出坪床进行妥善处理，或者进行一定深度的挖方和填方，并用土填平。一般应清除土壤表层以下 30 cm 深的石块和瓦砾，以利于草坪草的生长，避免杂草的入侵。

3. 杂草的防除

种植前杂草的数量和种类将直接影响和决定草坪建植后杂草的数量和品种。因此，在草坪建植前要尽量将田间杂草去除干净，特别是坪床上那些对新建草坪危害特别严重且难以防除的多年生杂草和莎草科杂草。

杂草的防除可用物理方法，也可用化学药剂处理。物理方法防除是指用人工或机械来去除杂草，如拖拉机牵引的圆盘耙、手耙、锄头等，在翻挖土壤的同时清除杂草。化学药剂防除是指用化学药剂杀灭杂草，常用的化学药剂主要是非选择性除草剂和土壤熏蒸剂。

非选择性除草剂在田间杂草长到 8～10 cm 时施用效果最佳，施用 3～7 天后即可开始进行土壤耕作，以便于杂草对药剂的吸收和向地下器官的传输。土壤熏蒸剂是将具有高挥发性的农药施入土壤，从而杀死杂草种子的活力或抑制杂草种子的发芽和其营养繁殖体的繁殖，同时也能杀死土壤中的有害物质。该方法效果较好，但过程烦琐，所需费用昂贵，且土壤温度不低于 32℃才能够保持熏蒸剂的活性，还要求土壤湿度均匀，土壤表面需覆盖薄膜。因此，使用土壤熏蒸剂的方法有一定的技术难度，使用较少。

对于特别难以一次性清除的杂草，如匍匐冰草、革命草等靠根茎繁殖的杂草，用物理方法或化学药剂都较难防除，通常可采用土壤休闲法防除，该方法是指在夏季，坪床不种植任何植物，且定期地进行耙锄作业，以杀死杂草可能生长出来的营养繁殖器官。休闲期越长，杂草清除的就越彻底。

三、土地翻耕

土地翻耕是指为建坪、种植而整理土壤的一系列操作，包括犁地、圆盘耙耕作和耙地等连续操作。翻耕的目的在于改善土壤的通透性，提高持水能力，减少根系扎入土壤的阻力，增强抗侵蚀和践踏的表面稳定性。除砂土外，土壤对于耕作的反应是形成良好的颗粒，因此耕作应在适宜的土壤湿度下进行，即当土壤处于用手可将其捏成团，抛到地下则可散开时进行。

1. 犁地

犁地是用犁将土壤翻转，由于其具有不均一的表面，因而有将植物残体向土壤深部转移的作用。

2. 耙地

耙地是使表土形成颗粒和平滑床面，为种植做准备的作业。耙地作业的质量高低，将直接影响草坪的质量高低。在犁过的或疏松的地段进行耙地，可以破碎土块、草垡及表壳以改善土壤的颗粒和保持表土的一致性。耙地可在犁地后立即进行，为了利于有机质的分解也可过一段时间进行。为了防治杂草而进行土壤休闲法的地段，通常进行圆盘耙耕作。

3. 旋耕

旋耕是一种粗放的耕地方式，它主要用于小面积坪床，如高尔夫球的发球台及住宅区庭园草坪的坪床准备。旋耕操作可起到清除表土杂物和把肥料及土壤改良剂混入土壤的作用。

4. 翻耕

翻耕作业最好是在秋季和冬季较干燥时期进行，因为这样可使翻转的土壤在较长的冷冻作用下碎裂，也有利于有机质的分解。耕作时，必须细心破除紧实的土层，在小面积坪床上，可进行多次翻耕以松土，大面积坪床则可使用特殊的松土机松土。松土的深度不得少于 15～20 cm。

四、土壤改良

理想的草坪土壤应是土层深厚，排水性良好，pH 值在 5.5～6.5 之间，结构适中的土壤。然而，建坪的土壤并非完全具备这些特性，因此，必须进行土壤改良。土壤改良的程度随建造草坪基床的基础条件不同而异，但是，总目标是使土壤形成良好结构，并在长期恶劣环境中仍然能保持其良好性能。

一般草坪草在壤土上能生长良好，而在沙土和黏重土上则生长不良，因此，对草坪坪床土壤进行改良的措施主要就是向土壤中加入改良剂（在沙土中掺入黏土，在黏土中掺入沙土）。土壤改良包括完全改良和部分改良两种。

1. 完全改良

完全改良是指将耕作层内的原土用客土全部更换。换土厚度不得少于 20～30 cm。黏土的含量不宜高，应以壤土和沙壤土为主。为保证回填土的有效厚度，通常应增加 20%的沉降余量。

2. 部分改良

部分改良是指在原有土壤内掺入一些改良材料，以改善床土结构。把沙子掺入黏土，以改善通气排水性。掺入富含有机质的土壤，以改善原有黏土或沙土的结构和增加肥力。通常可将 5～10 cm 的壤土均匀混入 15～20 cm 的土壤上层，当原土质地改善至

25～36 cm 深时，能获得良好效果。将 5 cm 厚的有机质（泥炭、粪肥、堆肥等）均匀地混入 10～15 cm 的床土表层，可起到产生团粒结构、改善床土结构和肥力的作用。

土壤改良主要是在土壤中加入改良剂，以调节土壤的通透性及保水、保肥的能力。土壤改良剂一般不宜采用像沙子那样的单质，在生产中通常大量使用的是改良剂，如泥炭、锯屑等。施泥炭在细质土中能减少土壤的黏性，促进土壤颗粒的形成，而施在粗质土中，也能提高土壤的持水能力和养分保持能力，同时，草坪成坪后还可改善草坪的回弹力。

五、草坪土地平整

对于观赏草坪而言，要根据设计的需求对土地进行平整。坪床不一定是一个平面，可根据地势而有所不同。但整体来说，不管是平面还是坡面，草坪坪床一定要平整，床土要细碎、干净、紧实，底肥要足。坪床的平整通常分粗平整和细平整两类。

1. 粗平整

粗平整是床面的等高处理，通常包括挖掉突起部分和填平低洼部分。作业时应把标桩钉在固定的坡度水平之间，整个坪床应设一个理想的水平面。填方时应考虑填土的沉陷问题，细质土通常下沉 15%（每米下沉 12～15 cm），填方较深的地方除加大填量外，还要进行镇压作业，以加速沉降。

2. 细平整

细平整是用于平滑地表，为种植做准备的操作。在小面积坪床上使用人工平整是理想的方法，用一条绳拉一个钢垫也是细平整的方法之一。大面积平整则需借助专用设备，包括土壤犁刀、耙、重钢垫、板条大耙和钉齿耙等。细平整应在播种前进行，以防止表土的板结，同时应注意土壤的湿度。

六、坪床镇压

坪床镇压是坚实床土表层的作业，通常在坪床细平整之后进行。土地平整时除应检查坡度是否符合要求，地面是否平整外，还需进行适度镇压，通常可用重 100～150 kg 的碾磙或耕作镇压器镇压坪床。镇压应在土壤潮湿（土在手中可捏成团，落地即散开）时进行。镇压的方向应以垂直方向交叉进行，直到床面几乎看不见踩踏痕迹或痕迹深度小于 0.5 cm 为止。翻松的床土，压实 2.5～5 cm 属正常现象。

任务实施

理想的坪床应该具有以下特征：①基质通气透水性强；②保水保肥能力好；③养分含量充足，pH 值适中，适合草坪草生长。具体坪床制备流程见图 2—2。

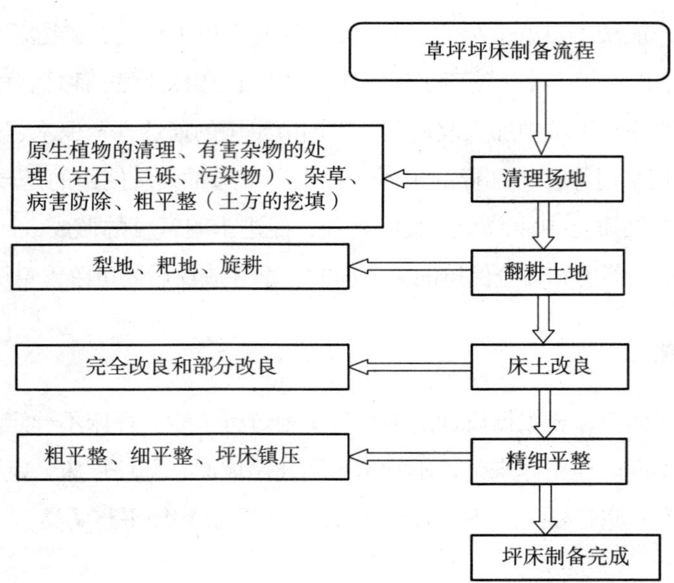

图 2—2　观赏草坪坪床制备流程

评分标准

序号	考核内容	具体要求	评分标准	得分
1	草坪场地的清理对象	正确说出场地清理的各个对象和处理方法	10	
2	土地翻耕的常用方法	正确说出翻耕的方法	10	
3	土壤改良的常用办法	正确掌握土壤的部分改良和全面改良	10	
4	土壤改良的常用材料	正确掌握土壤改良常用材料及其效果	10	
5	草坪土地的平整方法	能够说出场地粗平整和细平整的内容	10	
6	结合当地观赏草坪的现状，做一个社会调查	一定要理论结合实际，分析观赏草坪的作用、建植方法、现状及存在的问题	50	
合计得分				

思考与练习

1. 一个观赏草坪的坪床整理需要哪些步骤？

2. 调查一下周围的观赏草坪在景观设置中能够起到何种作用，并结合本节的学习深入调查景观草坪的坪床准备工作。

3. 根据所学知识列出一个草坪坪床整理的计划书。

课题二

观赏草坪特点和草种选择

任务目标

◇掌握常见观赏草坪草品种的植物学特点及生态习性

◇掌握科学选择草种和草种配比的原则与方法

任务提出

如图 2—3 所示为沈阳已经建成的一块观赏草坪。要求在该观赏草坪建成前选择适宜当地气候和立地条件的草坪草品种。

图 2—3　沈阳已建成的观赏草坪

任务分析

建植持久的、优美的观赏草坪，需要了解观赏草坪草品种选择的依据、草坪草品种选择的方法，掌握常用草坪草品种的特性及草种配方。

相关知识

一、观赏草坪草品种选择依据

1. 草坪草品种的特性

草坪草在抗寒、抗旱、抗病、耐热、耐酸碱、再生性和需肥量等多方面的特性不同，在选择时需要综合考虑。所选择的草坪草品种能够在其生长区域抵抗当地最主要的病害。

2. 环境适应性

一般来说，冷季型草坪草和暖季型草坪草存在较大的差异，中国的南、北方气候条件也存在非常大的差距，在选择时一定要遵循适地适草的原则。另外，所选择草坪草应该能够与周围的环境相协调，使其与周围环境成为统一的整体。

3. 所需的养护管理强度、预算等

草坪建设投入的资金比较大，在建植前要充分考虑草种所需的养护管理强度、预算等。若资金充足，可以选择一些要求管理比较精细的草坪草品种，若资金不足，就要选择一些要求管理比较粗放的草坪草品种。

二、草坪草品种选择方法

1. 经验法

在建植一个观赏草坪前，首先对当地的草坪现状进行调查，清楚当地常用草坪草品种及其对当地条件的适应性和坪用特性的表现，其次根据建坪的要求和建坪条件，选定经过实践证明较为适应当地条件的草坪草品种。

2. 试验法

在时间允许的情况下，可以选择经过经验法初步筛选的、基本符合当地条件和建坪目的的优良草坪草种类及品种，在小面积范围内进行试种。在经过一个生长周期后，根据试种的结果，决定草种的最终选择。

3. 引种区域化法

以自然地理位置和自然气候带划分为主要依据，将一定的区域划分成若干个建坪条件基本相近的区，然后在每个区内的典型地点设置引种试验点。通过对各个草坪草品种的引种栽培试验及其评价，达到确定该地区适应选种建坪的草坪草品种。

表 2—1 为中国不同地区适宜种植的草坪草品种。

表 2—1 中国不同地区适宜种植的草坪草品种

地域（中国气候带的典型区域）	区域性气候特点		推荐选用的草种及品种	
沈阳	年降水量	700 mm，60%集中于夏季	高羊茅	织女星、马比松、天霸、爱密达
	1 月份平均气温	−12℃	草地早熟禾	男爵、巴润
	7 月份平均气温	24℃	多年生黑麦草	百瑰、草坪之星、顶峰
	土壤	pH 值较高	细羊茅	桥港
			紫羊茅	皇冠、百琪二代

续表

地域（中国气候带的典型区域）	区域性气候特点		推荐选用的草种及品种	
北京	年降水量	600 mm，70%集中于夏季	草地早熟禾	巴塞罗纳、百蒂娅、巴润
			多年生黑麦草	首相Ⅱ、顶峰
	1月份平均气温	−5.6℃	细羊茅	桥港、百舵
	7月份平均气温	29.5℃	匍匐翦股颖	摄政王
	土壤	pH值比较适中	细弱翦股颖	百都
			狗牙根	百慕达
上海	年降水量	1 200 mm，55%集中于夏季	高羊茅	凌志、百丽
	1月份平均气温	−3℃	草地早熟禾	巴塞罗纳、男爵
	7月份平均气温	30℃	多年生黑麦草	百乐
	湿度	相对湿度较大、夏季高温高湿，草坪易感病	匍匐翦股颖	摄政王
			狗牙根	百慕达
昆明	年降水量	1 000 mm，60%集中于夏季	高羊茅	巴比伦、凌志、百喜、织女星、百丽
			草地早熟禾	巴润、百蒂娅、巴塞罗纳
	1月份平均气温	8℃	多年生黑麦草	首相Ⅱ、百瑰、百乐
	7月份平均气温	23℃	细羊茅	百绿、百舵、百琪
	土壤	pH值视具体情况而定	硬羊茅	妃娜
			翦股颖	摄政王、继承、百都
成都	年降水量	976 mm	高羊茅	凤凰、百幸、巴比伦、百丽
	1月份平均气温	7.2℃	草地早熟禾	巴润、百蒂娅、巴塞罗纳
	7月份平均气温	28.6℃	多年生黑麦草	首相Ⅱ、草坪之星
	土壤	中性偏酸	匍匐翦股颖	摄政王
兰州	年降水量	300 mm	草地早熟禾	巴塞罗纳、百蒂娅、男爵
	气温	昼夜温差比较大	多年生黑麦草	首相Ⅱ、顶峰
			匍匐翦股颖	摄政王、百瑞发
	土壤	土壤含盐量高、pH值高、具备灌溉条件	细弱翦股颖	百绿、皇冠
			狗牙根	百慕达

续表

<table>
<tr><th>地域（中国气候带的典型区域）</th><th colspan="2">区域性气候特点</th><th colspan="2">推荐选用的草种及品种</th></tr>
<tr><td rowspan="6">呼和浩特</td><td>年降水量</td><td>426 mm</td><td>高羊茅</td><td>凤凰、百丽</td></tr>
<tr><td>1 月份平均气温</td><td>−13.2℃</td><td>草地早熟禾</td><td>巴润、男爵、巴塞罗纳</td></tr>
<tr><td>7 月份平均气温</td><td>26℃</td><td>多年生黑麦草</td><td>百宝、百瑰、顶峰、首相Ⅱ</td></tr>
<tr><td rowspan="3">其他</td><td rowspan="3">干旱、半干旱气候区。夏季酷热，pH 值较高</td><td>匍匐紫羊茅</td><td>百琪</td></tr>
<tr><td>细羊茅</td><td>百绿</td></tr>
<tr><td>翦股颖</td><td>继承、百都</td></tr>
<tr><td rowspan="4">西宁</td><td>年降水量</td><td>371.7 mm</td><td>高羊茅</td><td>巴比松</td></tr>
<tr><td>1 月份平均气温</td><td>−7.6℃</td><td>草地早熟禾</td><td>巴润</td></tr>
<tr><td>7 月份平均气温</td><td>21.8℃</td><td>多年生黑麦草</td><td>百瑰、百乐</td></tr>
<tr><td>其他</td><td>昼夜温差大</td><td>硬羊茅</td><td>百妃娜</td></tr>
<tr><td rowspan="4">广州</td><td>年降水量</td><td>1 680 mm</td><td>草地早熟禾</td><td>男爵</td></tr>
<tr><td>1 月份平均气温</td><td>15.2℃</td><td>多年生黑麦草</td><td>过渡星</td></tr>
<tr><td>7 月份平均气温</td><td>30.9℃</td><td rowspan="2">狗牙根</td><td rowspan="2">百慕达</td></tr>
<tr><td>土壤</td><td>偏酸性</td></tr>
</table>

三、常用草坪草特性比较

我国常用草坪草特性比较见表 2—2。

表 2—2　　常用草坪草特性比较

<table>
<tr><th>草坪草指标</th><th>特性</th><th>冷季型草坪草</th><th>暖季型草坪草</th></tr>
<tr><td rowspan="4">建植速度</td><td rowspan="4">快
↑
慢</td><td>多年生黑麦草</td><td>狗牙根</td></tr>
<tr><td>高羊茅</td><td>假俭草</td></tr>
<tr><td>紫羊茅</td><td>地毯草</td></tr>
<tr><td>草地早熟禾</td><td>结缕草</td></tr>
<tr><td rowspan="4">叶片质地</td><td rowspan="4">粗糙
↑
细致</td><td>高羊茅</td><td>地毯草</td></tr>
<tr><td>多年生黑麦草</td><td>假俭草</td></tr>
<tr><td>草地早熟禾</td><td>结缕草</td></tr>
<tr><td>紫羊茅</td><td>狗牙根</td></tr>
<tr><td rowspan="4">抗旱性</td><td rowspan="4">高
↑
低</td><td>紫羊茅</td><td>狗牙根</td></tr>
<tr><td>高羊茅</td><td>结缕草</td></tr>
<tr><td>草地早熟禾</td><td>假俭草</td></tr>
<tr><td>多年生黑麦草</td><td>地毯草</td></tr>
</table>

续表

草坪草指标	特性	冷季型草坪草	暖季型草坪草
修剪高度	高 ↑ 低	高羊茅	地毯草
		紫羊茅	假俭草
		多年生黑麦草	结缕草
		草地早熟禾	狗牙根
耐磨性	高 ↑ 低	高羊茅	结缕草
		草地早熟禾	狗牙根
		紫羊茅	地毯草
		多年生黑麦草	假俭草
再生性	高 ↑ 低	草地早熟禾	狗牙根
		紫羊茅	地毯草
		高羊茅	假俭草
		多年生黑麦草	结缕草

从表 2—2 可以看出，每一个草坪草品种都有自己的优势和不足，任何一种草都不能够完全满足某个草坪的建植要求。因此，在选择草种的时候要综合考虑草种的各方面表现。

四、草种配方

草坪建植过程中，可以采用单一组分的方法来提高草坪外观质量，从而提高草坪的美学价值。也可以采用增加草坪组分的丰富度，来增加草坪系统对环境的适应性和草坪的坪用功能。草种的组合依据草坪的草种组成可分混播、混合和单播 3 类。

1. 混播

混播是在草种组合中含两种及两种以上的草坪组合。混播的优点是使草坪具有广泛的遗传背景，从而使其具有更强的对外界的适应能力。混播的一种草坪草的长处可以补偿另一种草坪草的短处。对大多数地方的气候来说，最好的混播组合是抗病虫害且能有广泛适应性的草种组合。混播在一起的草种要在颜色、质地、生长率及入侵力上相似。在混播组合中，每一个草种的含量都应控制在有利于混播中主要草种发育的程度。

2. 混合

混合是在草种组合中只含一个种，但含同一草种两个以上品种的草坪组合。这样的草坪可以适应差异较大的环境条件，更快地形成草坪，而且可以延长草坪寿命，减轻病虫害，更重要的是能够形成具有较为一致外观的草坪。

3. 单播

单播是指草坪中只含一个种，并且只含该草种中的一个品种。单播的优点是保证了草坪最高的纯度和一致性，可造就最美、最均一的草坪外观。由于遗传背景较为单一，因此对环境的适应能力较差，要求养护管理的水平也较高。

因为每一种草种都有其明显的优缺点，单个草种往往满足不了草坪的全部要求，因此在进行草坪建植时，应该根据实际情况选择不同的组合类型。近几年来的趋势是限制品种之间的混播，以避免杂色外观的出现。一般在热带和亚热带气候区多采用单播，而在温带气候条件下可以采用混播。暖季型草种之间具有排斥性，一般不能混播，但对于单一种植的草坪，其适应性又大大降低，因此在条件允许的情况下最好采用同一草种内不同品种之间的混合。如果对于所选的栽培品种之间的兼容性无从了解，则至少应满足下列条件：对当地的主要病虫害具有较强的抗性；各栽培品种之间的外表特征相近，竞争力也要尽量相近，即不能一个品种的生长优势过于明显；至少有一个品种能适应当地的环境条件；至少要选择 3 个栽培品种予以混合。

观赏草坪一般要求叶色好，纤细而美丽，在整体景观上具有一致性。下面是常见的几种观赏草坪草品种配方：

（1）45%细羊茅 +35%紫羊茅 +10%早熟禾 +10%褐顶小糠草。

（2）40%羊茅 +30%紫羊茅 +20%细羊茅 +10%褐顶小糠草。

（3）30%多年生黑麦草 +30%紫羊茅 +25%细羊茅 +15%小糠草。

任务实施

通过对沈阳地形、气温、降水量等的分析，最终确定该观赏草坪建植中草种可选择高羊茅、草地早熟禾、细羊茅或紫羊茅等进行单播或混合播种，或选择 30%多年生黑麦草 +30%紫羊茅 +25%细羊茅 +15%小糠草的草种组合配方进行混播。草种选择流程图见图 2—4。

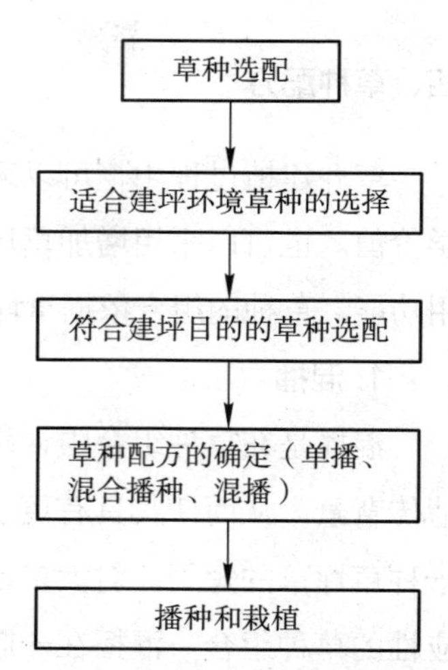

图 2—4 观赏草坪草种选择流程图

评分标准

序号	考核内容	具体要求	评分标准	得分
1	观赏草坪的特点	正确说出观赏草坪的特点	20	

续表

序号	考核内容	具体要求	评分标准	得分
2	观赏草坪草种选择	能够正确选择观赏草坪草种	20	
3	常见观赏草坪草品种的植物学特点及生态习性	了解常见观赏草坪草品种的植物学特点及生态习性	30	
4	常见观赏草坪草种配方	能够正确进行常见观赏草坪草种的组配	30	
合计得分				

思考与练习

1. 根据所在地区的地理和气候特点，选择出适合所在地区观赏草坪草的种类。
2. 根据所要建植的观赏草坪的要求，如何进行常见观赏草坪草种的组配？

课题三
新建观赏草坪养护与管理

任务目标

◇掌握新建观赏草坪的养护与管理的技术和要求

任务提出

如图 2—5 所示为一块新建观赏草坪，其草坪草处于幼年期，要求对该新建观赏草坪进行养护管理。

图 2—5　新建观赏草坪

任务分析

新建的观赏草坪不同于成年期、各个方面比较稳定的草坪，其草坪草往往处在幼年期，草比较幼嫩，养护起来要加倍小心。而且，最初的养护效果会直接影响后期草坪的观赏效果，因此，要重视对新建草坪的养护与管理。

任务实施

一、修剪

新建草坪应及时进行修剪管理，草坪的修剪通常依据草坪的种类和培育的强度不同而异，通常新枝条高度达 5 cm 时就可以开始修剪。新建未完全成熟的草坪应遵循“1/3”修剪规则，直至完全覆盖为止，新建的公共草坪修剪高度为 3～4 cm。

新建草坪的修剪通常应在土壤较硬时进行，剪草机的刀刃应锋利，调整应适当，否则易将幼苗连根拔起和撕破，擦伤纤细的植物组织。为了避免修剪对幼苗的过度伤害，应该在草坪草上无露水时进行，最好是在叶子不发生膨胀的下午进行修剪。新建草坪应尽量避免使用过重的剪草机械。

二、施肥

新建草坪在种植前如已施入足量基肥，则不存在施肥的问题，因为在这样的情况下，即使不追施肥料，已有的肥料也能满足草坪在几个月内对养分的需要。

如果肥力明显不足，则必须进行追肥。当幼苗呈淡绿色，接着老叶处呈褐色，这是缺肥的征兆，此时可施氮：磷：钾 =10：6：4 或只含 50% 氮的缓效化肥，施肥量为 5～7 g/m^2。为了防止肥料颗粒附于叶子上灼伤叶片，肥料的撒施应在叶子完全干燥时进行。如条件允许，肥料应事先溶于水中，然后使用轻型喷灌机进行喷施。这种方法可连续施肥，直到土壤 2.5～5 cm 深度湿透为止。

新建的草坪，因根系的营养体尚很弱小，因而少量多次的施肥是十分必要的。此时施肥主要是氮及其他养分，施肥量也不宜多，否则过高的养分浓度将直接危害植株和抑制根和侧芽的生长。由草皮铺装的草坪施肥量较高。草坪在第一次修剪后，应立即施肥，此后草坪的施肥，其频率依土壤质地和草坪草的生长状况而定。通常粗质土壤可溶性氮易淋失，因而施肥次数应较多，且以长效载体氮肥类为主。新建草坪施肥一般要多次少量，防止一次大量施肥给草坪带来危害和造成肥料的大量流失。

三、灌溉

干旱对种子的萌发是相当有害的，严重的板结可以阻止新芽钻出地面而使幼苗窒息而死。营养繁殖枝和草皮块对干旱不如幼苗那样敏感，但是它们也会因干旱而受到危害。新建的草坪，在有条件的地方，当天然降水量满足不了草坪生长需要时，就应该进行人工灌溉。新建草坪灌溉应做到以下几个方面：

1. 适当使用喷灌强度较小的喷灌系统，以雾状喷灌为好。

2. 出苗前每天灌水 1 ~ 2 次，灌水时灌水速度不应超过土壤有效的吸水速度，灌水应持续到土壤 2.5 ~ 5 cm 深度完全浸润为止。

3. 避免土壤过涝，特别是在床面产生积水小坑时，要缓慢地排除积水。

随着新建草坪草的发育，灌水的次数应逐渐减少，但每次的灌水量应增大。伴随灌溉次数的减少，土壤水分不断蒸发和排出，不断地吸入空气，因而减少灌溉次数可以改善土壤的通气性。

四、表施土壤

表施土壤是由匍匐茎草种组成的新建草坪维持在低修剪条件下时的一种特殊培育措施。表施土壤可促进匍匐茎节间的生长和地上枝条发育，这对产生平滑的草坪表面是很重要的，因此常用其建植适宜运动性的高尔夫球场草坪。

表施土壤应与被施的草坪土壤质地相一致，否则将可能影响根际中的通透性。又由于土壤不均匀沉陷，有时在草坪地上会产生不利于操作的表面，连续而有效地表施土壤，还能填平洼地，形成平整的草坪地面，但是也要避免过厚的覆盖，以防止因光照不足而产生不良后果。

五、草坪保护

新建草坪的保护其主要内容是对杂草、病虫害的防治。杂草通常对新建草坪危害最大，因此在播前的操作中采用如种子纯度的选择、植物性覆盖材料的选用以及秋季严霜的处理（可除去草坪群落中大多数的一年生杂草）、夏季休闲法和将种植土和表施土壤进行熏蒸处理等措施，均可防止杂草侵入新草坪。尽管采取措施，杂草终会或多或少地侵染草坪，清除杂草较有效的方法是使用除莠剂，具体防治措施详见实训一。

草坪的病害可通过避免过多的灌溉和增大播种量以增大幼苗密度的方法来防除，在有条件的地方，可在播前用杀菌剂处理种子，如防止腐霉菌凋萎病，最常用的拌种剂是氯唑灵，此外也可用克菌丹和福美双防治根茎腐坏真菌。具体防治措施详见实训二。

评分标准

序号	考核内容	具体要求	评分标准	得分
1	新建观赏草坪的修剪	正确进行新建观赏草坪的修剪	10	
2	新建观赏草坪的施肥	正确选择施肥种类，能够进行新建观赏草坪的施肥操作	25	

续表

序号	考核内容	具体要求	评分标准	得分
3	新建观赏草坪的灌溉	能够合理进行新建观赏草坪的灌溉	25	
4	新建观赏草坪的表施土壤	能够正确进行新建观赏草坪的表施土壤操作	25	
5	新建观赏草坪的保护	能够正确进行观赏草坪的病虫害防治	15	
合计得分				

思考与练习

1. 新建观赏草坪修剪应该注意哪些事项？
2. 新建观赏草坪如何进行肥料选择？
3. 新建观赏草坪灌溉应注意哪些问题？
4. 新建观赏草坪如何进行表施土壤？
5. 新建观赏草坪的保护包括哪些内容？如何进行？

课题四

观赏草坪常规养护与管理

任务目标

◇熟练掌握观赏草坪常规养护管理操作技术
◇熟练掌握观赏草坪特殊养护管理操作技术
◇学会使用各种养护管理机具

任务提出

要求对观赏草坪进行常规养护与管理，从而保证草坪持续保持预期的景观观赏效果。

任务分析

对于观赏草坪来说，养护水平的高低是衡量一个草坪建设水平的重要指标。草坪的后期管理条件对于草坪的质量十分关键，“三分种，七分管”的理念很突出。不同的草坪草对养护管理的要求也不同。

相关知识

一、灌溉

水是一切生物的生命之源，对于草坪草来说更是如此。没有适当的灌溉，就不可能获得优质草坪，及时、适当的水分供给对高质量草坪的形成非常重要。

适当的草坪灌水能够增强草坪草对干旱和贫瘠条件的适应性，草坪灌水应该从以下几个方面进行把握。

1. 灌水时间

利用植株观察法来确定草坪灌水时间。当草坪草缺水时会表现出不同程度的萎蔫，这时可以利用草坪机械对草坪进行打孔、划破、垂直修剪后进行灌水。灌水最好在凉爽天气的傍晚和早晨进行，以将蒸发量减到最小水平和减少草坪病虫害的发生。

2. 灌水次数

灌水次数根据床土类型和天气状况来决定。沙壤土因为保水持水能力比较差，比黏壤土更易受干旱的影响，因此需频繁灌水。炎热干旱的天气比寒冷干旱的天气需要更多的灌水次数。在正常生长季内，普通干旱情况下，每周浇水 1 次，特别干旱的天气，则每周灌水 2 次或 2 次以上。在正常的天气可以每 10 天浇水 1 次。草坪灌水一般应遵循草坪干至一定程度再灌水的法则，这样可以刺激根系向床土深层扩展，且能够保持一个良好的通透性。

3. 灌水量

为了保证草坪的需水要求，床土的持水量应该保持在一个合适的范围内。一般来说，当草坪的饱和田间持水量下降到 60% 的时候就要开始浇水，浇水至饱和田间持水量为宜。

一般条件下，草坪草在生长季内的干旱期，为保持草坪鲜绿，大概每周需补充 3～4 cm 水。在炎热和严重干旱的条件下，生长旺盛的草坪每周约需补充 6 cm 或更多的水分。水分补充的多少还应该根据草坪草根系深度而定。

在草坪管理中，最常采用的是喷灌方式。喷灌不受地形限制，还具有灌水均匀、节省水源、便于管理、减少土壤板结、增加空气湿度等优点，是草坪灌溉的理想方式。

4. 灌水技术要点

（1）为减少病虫害的发生，在高温季节应尽量减少灌水次数，以下午浇水为佳。

（2）随着草坪苗的出苗和逐渐长大，应逐渐增加灌水次数和加大每次的灌水量。

（3）草坪成坪后至越冬前的生长期内，土壤含水量不应低于饱和田间持水量的 60%。

（4）灌水应该和施肥作业配合进行。

（5）在冬季严寒的地区，入冬前必须灌好封冻水。封冻水应在地表刚刚出现冻结时进

行，灌水量要大，此时以漫灌为宜。开春解冻之前，草坪开始萌动时灌返青水。

5. 节水管理措施

在达到灌溉目的的前提下，利用以下综合管理技术可以减少草坪灌水量：

（1）在旱季，适当提高草坪修剪的留茬高度 2～3 cm，可以起到较好的遮阴作用，能够有效地防止水分蒸发。

（2）减少修剪次数，可以减少因修剪伤口而造成的水分损失。

（3）施用氮肥促进草坪草的营养生长，加大对水分的消耗量，施用磷、钾肥则能增加草坪草的耐旱性。

（4）对草坪进行穿孔、打孔等通透作业，可以提高床土的渗水贮水能力。

（5）选择耐旱的草种及品种。

（6）坪床制备时增施有机质和土壤改良剂，可以提高床土的持水能力。

（7）时刻留意天气变化，避免在降雨前浇水。

二、修剪

草坪草具有生长点低位，生长壮实、致密和速度较快等特性，可以利用这些特性对草坪进行修剪。草坪修剪的目的在于保持草坪整齐美丽的外观以及充分发挥草坪的使用功能。

1. 修剪的作用

（1）修剪能够刺激草坪草横向生长，抑制其向上生长，促进匍匐枝和枝条密度的提高。

（2）修剪还利于草坪基层的通风透光，使草坪健康生长。

（3）修剪能够令草坪草保持合适的高度，满足观赏草坪的各种技术指标。

2. 修剪高度

草坪的修剪高度也称留茬高度，是指草坪修剪后立即测得的地上枝条的垂直高度。各类草坪草忍受修剪的能力是不同的，因此，草坪草的适宜留茬高度应依草坪草的生理、形态学特征和使用目的来确定，以不影响草坪正常生长发育和功能发挥为原则。

一般草坪草的留茬高度为 3～4 cm，部分遮阴和损害较严重草坪的留茬应高一些。通常，当草坪草长到 6 cm 时就应该修剪，从理论上讲，当草坪草的实际高度超出适宜留茬高度的 1/3 时，就必须修剪。

确定草种适宜的修剪高度十分重要，它是进行草坪修剪作业的直观依据，常见草坪草的标准留茬高度见表 2—3。

表 2—3　　常见草坪草的标准留茬高度

冷地型草种	标准留茬高度（cm）	暖地型草种	标准留茬高度（cm）
草地早熟禾	2.5～5.0	普通狗牙根	1.3～3.8
紫羊茅	2.5～5.0	杂种狗牙根	0.6～2.5
高羊茅	3.8～7.6	结缕草	1.3～5.0
黑麦草	3.8～5.0	地毯草	2.3～5.0
匍匐翦股颖	0.6～1.3	假俭草	2.5～5.0

3. 修剪时期及次数

草坪的修剪时期主要在草坪的旺盛生长期进行。草坪修剪一般始于 3 月，终于 10 月，通常在晴朗的天气进行。

草坪草的修剪应该按照草坪修剪的“1/3”原则进行。通常，在草坪草旺盛生长的季节，草坪每周需修剪 2 次。在气温较低、干旱、草坪草缓慢生长的季节，则每周修剪 1 次。一般观赏草坪在生长季内的修剪频率见表 2—4。

表 2—4　　观赏草坪在生长季内的修剪频率

草坪类型	草坪草种类	修剪频率（次／周）			修剪次数（次／年）
		4—6 月	7—8 月	9—11 月	
庭园	细叶结缕草	1	2～3	1	5～6
	翦股颖	2～3	3～4	2～3	15～20
公园	细叶结缕草	1	2～3	1	10～15
	翦股颖	2～3	3～4	2～3	20～30

对于生长过高的草坪，一次修剪到标准留茬高度的做法是有害的。这样修剪会使草坪地上光合器官失去太多，过多地失去地上部和地下部的贮藏营养物质，致使草坪变黄、变弱，因此生长过高的草坪不能一次修剪到位，而应逐渐修剪到标准留茬高度。

4. 修剪的质量

草坪修剪的质量与所使用剪草机的类型和修剪时草坪的状况有关。剪草机类型的选择、修剪方式的确定、修剪物的处理等均影响到草坪修剪的质量，如图 2—6 所示。

（1）剪草机的选择　修剪工具的选择应以能快速、舒适、最大量地完成剪草作业，且所需费用最低为原则。现行市场上的草坪修剪机具有近 300 种，其中镰刀和手剪可用于人工剪草，但修剪速度慢，人工（或劳力）耗费量大，只限于修剪 10 m^2 大小的草坪，大面积草坪修剪时则宜采用剪草机。

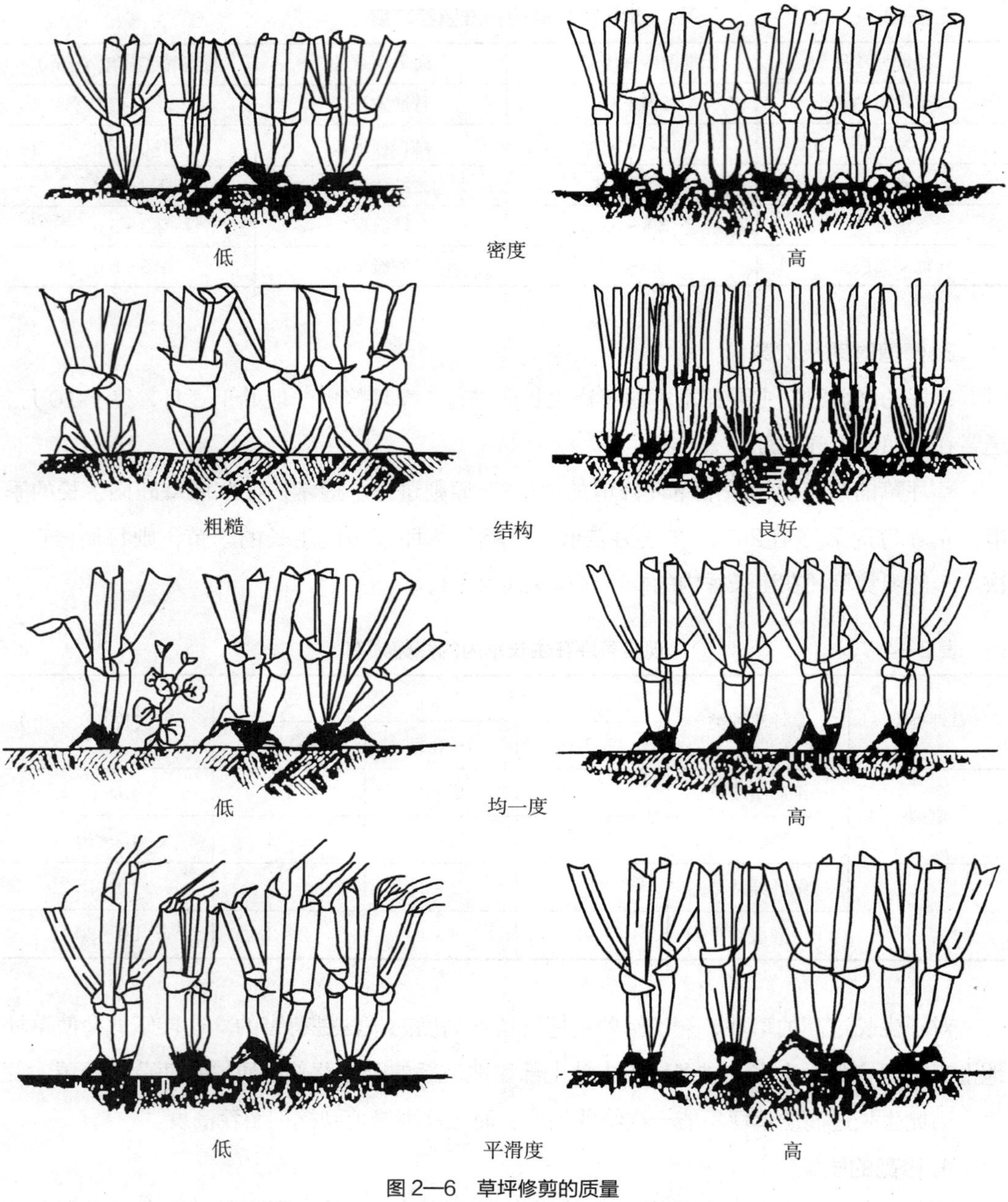

低　密度　高

粗糙　结构　良好

低　均一度　高

低　平滑度　高

图 2—6　草坪修剪的质量

（2）修剪方式　同一草坪，每次修剪应避免以同一种方式进行，要防止永远在同一地点、同一方向进行多次重复修剪，否则，草坪草将趋于瘦弱和发生“纹理”现象（草叶趋向于一个方向的定向生长），使草坪不均衡生长。

（3）修剪物的处理　由剪草机修剪下的草坪草组织的总体称为修剪物或草屑。将草屑留放在草坪中可以使养分回归草坪，改善干旱状况且有利于防除苔藓的着生，同时还能省去搬除草屑所消耗的劳力。但是，在大多情况下留下草屑的弊大于利，留下的草屑利于杂草滋生，使草皮变得松软并易造成病虫害的感染和流行，也易使草坪通气性受阻而使草坪过早退化。

草屑处理的一般原则是：每次修剪后，将草屑及时移出草坪，若天气干热，也可将草屑留放在草坪表面，以阻止土壤水分蒸发。

三、施肥

草坪建植以后，人们关注的是如何保持草坪的适当生长速度和得到一个致密、均一、浓绿的草坪。合理施用有机肥和化学肥料，对草坪的维护起着重要作用。肥料不仅能够营养植物，促进植物新陈代谢，提高草坪质量和生长能力，还能改善土壤结构，协调土壤中水、肥、气、热条件，提高土壤肥力，有利于草坪草的生长发育，增强草坪草对杂草和病虫害的抵抗能力，使草坪能保持长期稳定的良好景观。科学合理的施肥，应根据草坪草在不同季节的营养需求和长势，合理补给养分，从而提高草坪草的抗逆性。

氮肥可使草坪增绿，叶片油绿，磷肥可促进草坪草根系的生长，钾肥可增强草坪草的抗性，草坪的形成和生长需要在恰当的时节获得足够的肥料供给，其对营养的需要与生长率同步。因此，无论对草坪自身的生长还是对草坪的维持而言，施肥都是必不可少的。

1. 肥料种类

草坪草需要足量的氮、磷、钾等常量元素和钙、镁、硫、铁、钼等多种大量元素。这些营养元素在草坪的生长和维持中各具不可替代的作用。表 2—5 是在草坪上经常使用的肥料种类。

表 2—5　　草坪常用肥料种类

种类	性质	名称	特点
氮肥	无机肥料	硝酸铵、硫酸铵、氨水、硝酸钾、硝酸钠、尿素	无机肥含氮量高，见效快，使用方便、安全，可供给多种营养 但无机肥容易淋失，易造成土壤板结
	有机肥料	干血、鱼肥、海鸟肥、蹄角、煤灰	肥力缓释，能够持续发挥肥力，适合做基肥
磷肥	无机肥料	托马斯磷肥、磷灰石矿粉肥、磷酸氢二铵、磷酸铵、过磷酸钙	无机磷肥相比有机磷肥，含磷量高，见效相对较快。很多无机磷肥含有石灰质，非常适合用在酸性土壤中。过磷酸钙是可溶的，适合做基肥
	有机肥料	骨粉、鱼肥、海鸟粪、强化骨粉	有机磷肥见效慢，用在酸性土壤中效果较好。有机磷肥可以做基肥，安全性高

续表

种类	性质	名称	特点
钾肥	无机肥料	钾盐镁钒、氯化钾、硝酸钾、硫酸钾、硫酸钾镁	无机钾肥往往为复合肥，含有多种其他营养成分。氯化钾和硫酸钾可以针对不同的土壤条件进行施用
	有机肥料	鱼肥、海鸟粪、海藻	安全，缓释
镁肥	无机肥料	泻盐、硫酸钾镁、硫镁钒、菱镁矿、镁质灰岩	自然界有机镁肥较少。无机镁肥含镁量较高，且草坪需镁的绝对量较少，施用时注意量的把握
钙肥	无机肥料	生石灰、熟石灰、石膏	可结合土壤改良施用

2. 施肥时间

草坪施肥时间受土壤类型、草坪利用目的、季节变化、大气和土壤的水分状况、草坪修剪后草屑的数量等因素影响。从理论上讲，在一年中草坪有春季、夏季和秋季三个施肥期，但不同类型的草坪草施肥重点时期不同。通常冷地型草坪草在早春和雨季要求高的营养水平，重点施肥时间是晚夏和深秋，高质量草坪最好是在春季进行 1～2 次施肥。而暖地型草坪草则在夏季需肥量较高，重点施肥时间是春末，第二次施肥适合安排在夏天，初春和晚夏施肥亦有必要。

此外，还可根据草坪的外观特征，如叶色和生长速度等来确定施肥的时间。当草坪颜色明显退绿和枝条变得稀疏时应进行施肥，在生长季，当草坪草颜色暗淡、发黄、老叶枯死时应补氮肥，叶片发红或暗绿色时应补磷肥，草坪草株体节部缩短、叶脉发黄、老叶枯死时应补钾肥。

（1）春季施肥　春季草坪草生长速度快，施肥应以磷、钾肥为主，早春应尽快施肥，但施肥量不能过大，如果过大将加速草坪草生长，草坪修剪频繁而消耗大量营养，导致越夏能力下降。

（2）夏季施肥　夏季草坪处于高温高湿的逆境胁迫下，施氮肥过多常会加重病害的发生。此时期施肥应该结合浇水和修剪等管理措施的调控，一般只在草坪出现严重缺绿时施用少量氮肥或叶面喷施尿素。施用磷酸二氢钾可促进草坪草植物根系的生长发育，培养健壮的根系，从而提高草坪的抗病性。

（3）秋季施肥　秋季施肥应在 9 月份进行，主要以尿素为主。施用 25 g/m^2 的氮、磷、钾按 9 : 6 : 4 比例的复合肥，再追施 10～15 g/m^2 尿素，这样可以促进草坪草从夏季高温高湿的逆境中恢复过来，以促进新分蘖枝生长发育和养分的积累，并满足秋季草坪生长需要。

（4）冬季施肥　为使草坪安全越冬，加强冬季草坪施肥也非常重要。草坪进入封冻前要增施有机肥，如牲畜粪尿、草炭及腐殖酸等，并灌足越冬水，可保证草坪根系安全越冬，并进行适当培土，将沙子或土壤（与坪床结构相同的土壤）与有机肥的混合物覆盖在草坪上，可起到保温、持水、供肥的作用。

3. 施肥的注意事项

（1）在草坪施肥措施中，最主要的是施氮肥。为了确保草坪养分平衡，不论是冷地型草，还是暖地型草，在生长季内至少要施 1～2 次复合肥。冷地型草最佳的施肥时期在春、秋两季，暖地型草的施肥时期在早春为宜。

（2）在板结的土壤上除施有机肥外，还可适当加入河沙。

（3）施肥要均匀，不要使草坪颜色产生花斑。

（4）施肥要与修剪、灌水相结合，施肥前要对草坪草进行修剪，施肥后要立即灌水，可使肥料迅速吸收。

（5）如果在草坪生长季节过量施用氮肥，会促进草坪草茎、叶迅速生长，大大增加修剪次数，使草坪草的细胞壁变薄，组织软而多汁，并减少养分贮存，从而导致草坪草的耐热、抗旱、耐寒、耐践踏及抗病能力的降低。

四、表施土壤

观赏草坪在经过长时间的使用后，有可能出现局部凹凸现象，土壤变得贫瘠，所以在后期养护管理中还有一个非常重要的工作就是表施土壤，其主要作用有以下几点：

（1）平整场地。

（2）促进不定芽和匍匐茎的再生和生长。

（3）防止草坪徒长，有利于草坪更新。

1. 表施细土材料应具备的特性

（1）所施细土与床土无大差异。

（2）所施细土的肥料成分含量较低。

（3）所施细土是具有沙、有机物、沃土和土壤材料的混合物。

（4）所施细土不能够含有杂草种子、病菌、害虫等有害物质。

2. 技术要点

（1）施土前必须先行剪草。

（2）土壤材料应干燥并过筛。

（3）施肥应在施土前进行。

（4）一次施土厚度不宜超过 0.5 cm，最好是用复合肥料撒播机进行。

（5）施后必须用金属刷拖平。

五、草坪修补

观赏草坪虽然一般只用于观赏，原则上不允许游人进入践踏，但草坪还是会出现被践踏的情况。这种情况下，如果养护措施不及时跟上，观赏草坪极容易出现大范围的斑秃甚至整块草坪退化现象，将会严重影响观赏草坪的观赏效果。从这个意义上来说，草坪修补是一项非常重要的工作。

1. 对斑秃的修补

对草坪的斑秃可采取补播法、匍匐茎无性繁殖法和铺植草皮法进行修复。不管何种方法，都要以不影响草坪使用，能保证草坪质量为原则。

修补斑秃的程序为：把裸露地面的草株沿斑块边缘取定，垫入沃土或泥炭土 2～3 cm，垫土厚度要稍高于周围的草坪土层，以防发生沉降造成凹陷，然后平整地面，采用播种、无性繁殖或铺植草皮方法。播种时，所播草种需与原来草种一致，并对种子进行处理。植草后浇透水，晾干后用磙子压实地面，使其平整。对修复的草坪应精心养护，使之早日与周围草坪颜色达到一致。

2. 对退化严重草坪的更新

（1）逐渐更新　适用于退化比较严重草坪的更新，可采用补播的方法进行。在补播的准备工作中，先给草坪用梳草机进行梳草，然后再撒播草种。

（2）完全更新　适用于因病虫害或其他原因造成严重退化的草坪。

对于那些因为有机质层过厚，土壤表层质地不均一，表层 3～5 cm 土壤严重板结，草坪被大部分多年生杂草、禾草侵入造成的退化草坪，可以采取完全更新的方法。

在对这些退化草坪进行更新前，要首先制定切实可行的方案，其次用人工或取草皮机清除场地内的所有植物，再次要测定土壤物理性状和 pH 值，检查排水和灌溉设施，最后再进行草种选择和种植等一系列的建植措施。

任务实施

观赏草坪的常规养护与管理内容可以用图 2—7 来直观地表示。下面具体说明观赏草坪常规养护与管理中的施肥和灌溉的实施过程。

一、施肥

1. 施肥准备

施肥前在草坪中进行土壤取样，按分析结果进行配方，通常情况下，草坪生长中不断需要适量地补充元素，主要是氮、磷、钾，为施工方便，一般使用复合肥施入，为提高肥

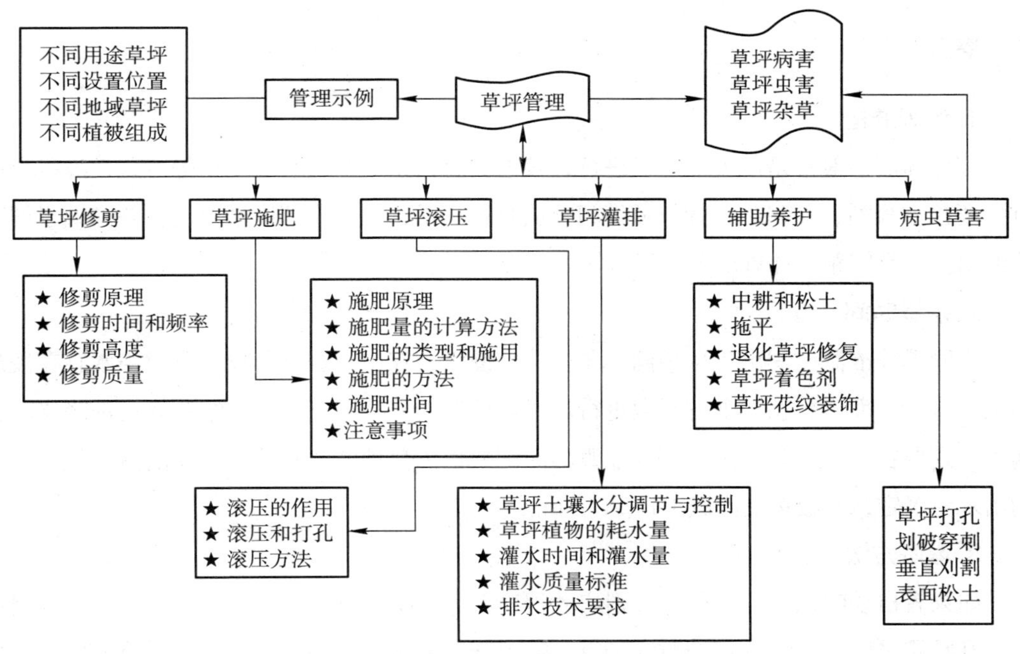

图 2—7　草坪养护与管理的基本内容

料利用率，在肥料中添加缓释材料，使之肥效更长。施肥工具视草坪的面积而定，有小型垂直施肥机，适合小面积精准施肥，也有较大型的施肥机，一般在较大面积草坪管理中使用。一般情况下可以准备氮、磷、钾含量分别在 16%、10%、12% 或相近比例的复合肥使用，但最好在土壤检测后配方施肥。

2. 施肥量

施肥分底肥和追肥两种情况，按上面所列的氮、磷、钾含量为 16%、10%、12% 的复合肥，底肥一般每平方米施用量 20～30 g，追肥一般每平方米施用量 15～25 g 即可。

3. 施肥方法和时间

施肥前对施肥作业区进行分区，用旗或其他标志进行标识，并对使用的施肥工具进行调试，使之符合设定的施肥量，之后按标识分区施肥，底肥在播种前施入，追肥在草坪生长期进行，冷季型草一般夏季不施肥。

4. 注意事项

施肥时要保持肥量均匀，不得洒漏或超量，如发生肥料洒漏，要及时清理以防止烧苗，施肥完毕后及时浇水，施肥后一段时间内（8～12 h）不得剪草，在此期间其他作业车辆也不能在上面行走，否则会引起草坪干尖现象。

二、灌溉

1. 灌溉准备

草坪灌溉一般都是以喷灌方式进行，喷灌又有自动、半自动、手动等方式，灌溉之前首先要检查泵站、控制箱、管道及阀门喷头是否正常，测试草坪土壤湿度，并详细了解喷头的出水量及间距，计算出喷头开启的时间长短。

2. 灌溉时间

不同季节灌溉时间也不尽相同。冬季草坪灌溉宜在中午进行，夏季草坪浇水宜在凌晨和上午进行，而春、秋季则各时段进行均可。但在特殊情况下，为了给草坪物理降温防止病害，则要在中午进行灌溉。每次灌溉的时间要根据草坪的需水量、土壤的持水量、喷头的出水量确定，一般每次灌溉 10～20 min。

3. 灌溉方法

如果有自动喷灌、开启泵站，则启动程序即可。手动泵站则在开启泵站后，用专用钥匙打开喷灌区阀门，按预定的时间进行，需要注意的是，如果泵站无变频系统，要按泵站出水量先开灌溉区阀门后开泵站，否则会损害水泵或管道。此外，灌溉时要注意观察喷头的雾化程度、转动情况及泵站运行情况，如发现问题要及时处理。

评分标准

序号	考核内容	具体要求	评分标准	得分
1	观赏草坪的修剪	正确进行观赏草坪的修剪	10	
2	观赏草坪的施肥	正确选择施肥种类，能够进行观赏草坪的施肥操作	30	
3	观赏草坪的灌溉	正确选择灌溉时间，能够进行观赏草坪的灌溉操作	30	
4	退化严重的草坪更新	能够对退化严重的草坪进行合理更新	30	
合计得分				

思考与练习

1. 观赏草坪修剪应该注意哪些事项？
2. 观赏草坪施肥过程中，肥料如何进行选择？
3. 观赏草坪施肥应该注意哪些事项？
4. 如何进行观赏草坪的灌溉？
5. 观赏草坪的灌溉质量如何评定？
6. 观赏草坪如何进行表施细土？表施细土的材料包括哪些？
7. 对退化严重的草坪如何进行更新？

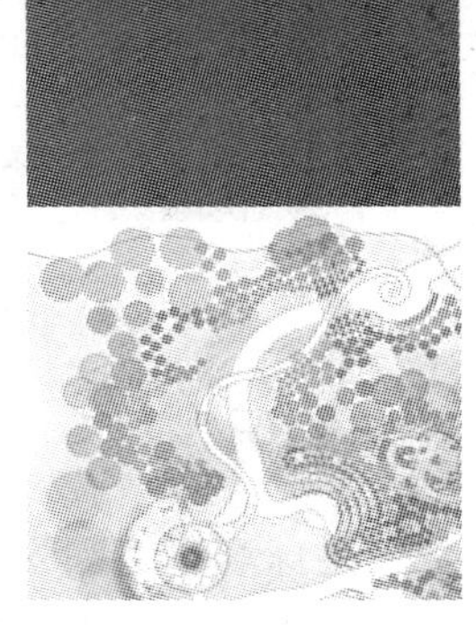

模块三

足球场草坪的建植、养护与管理

课题一

足球场草坪坪床准备

任务目标

◇了解足球场草坪排灌系统的设置

◇掌握足球场草坪土地的平整方法

任务提出

如图 3—1 所示为上海虹口足球场草坪。现要求按照足球场草坪要求制备良好的草坪坪床，以保证上海虹口足球场草坪的高质量。

图 3—1　上海虹口足球场

任务分析

足球场坪床除要求保水保肥能力好、养分含量充足、pH 值适中、适合草坪草生长外，还需要保证基质通气透水性强，具有良好的排灌设备以及表面强度符合运动要求等。

相关知识

足球场草坪因为具有重大的经济效益和社会效益，在草坪业各分支中始终居重要地位。因为使用用途和使用对象与其他种类的草坪有较大区别，足球场草坪有极高的特殊要求，这决定了足球场坪床除场地清理、土地翻耕、土壤改良外，还有着不同于一般草坪坪床的准备方法。

一、足球场草坪排灌系统设置

排灌系统的安装对足球场草坪的养护管理非常重要，其准备工作和设施的安装一般在场地粗平整之后即开始进行。对于要预埋管道的，为安全和保险起见，可分段进行。当新的场地基础平整好后，就可以配置排灌系统。灌溉设施主要用于水分不足时供水，排水设施主要用于排走多余的水分，只有二者相互配合，才能给草坪提供一个良好的气、水环境。

1. 排水系统

（1）排水系统的作用　排水系统的作用主要表现在排去多余的水分、改善土壤通气性、充分供给草坪草养料、有益于草坪草根系向深层扩展、在夏季深层根系能获得更多的水分、扩展运动场草坪的使用范围、早春使土壤升温快等方面。

（2）排水系统的类型　排水可分为地表排水和地下排水两类。两者的区别在于地表排水是从草坪草根部附近迅速排除多余水分，而地下排水则是排除土壤深层过多的水分。

1）地表排水主要是使土壤具有良好的结构性，通常要使草坪表面保持一定坡度，以保证排水。如足球场中间较高的顶部应比四边线略高，保持1%～2%的坡度。像足球场这样践踏极强的草坪，可设置沙槽地面排水系统。沙槽排水不仅可促进水的下渗，还能减轻土壤的紧实度，改良土壤结构，延长草坪寿命。沙槽的设置方法是：挖宽 6 cm、深 25～37.5 cm 的沟，沟间距 60 cm，并与地下排水沟垂直，用细沙或中沙填满沟后，用拖拉机轮或碾磙压实。

2）地下排水系统是在地表下挖一些底沟，以排掉过多的水分。排水管式排水系统是最常采用的方式，排水管一般应铺设在草皮下 40～90 cm 处，间距 5～20 m。排水管也可以“人”字形（主干管与支管以 45° 角连接）或网格状铺设或简单地放置于水在地表的汇集处。

常用的排水管有陶管和水泥管，穿孔的塑料管应用也较广泛。在排水管的周围应放置一定厚度的砾石，以防止细土粒堵塞管道。在特殊的地点，砾石可一直堆到地表，以利于排去低地的地表径流。如图 3—2 所示是某足球场的地下排水系统结构剖面图，如图 3—3

所示是足球场典型排水断面示意图。

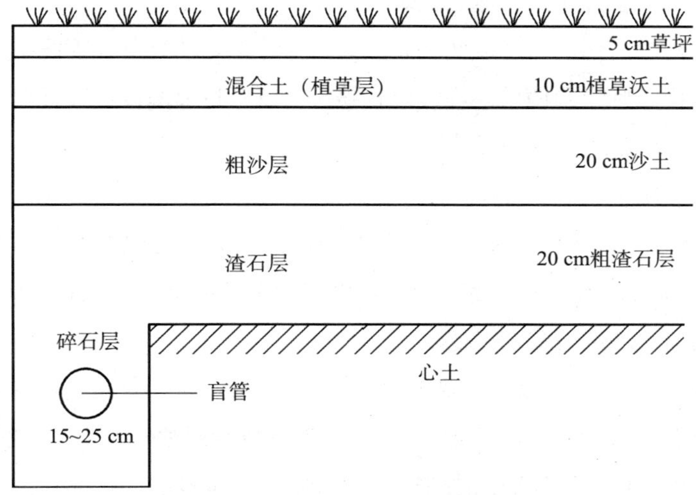

图 3—2　足球场地下排水系统结构剖面图

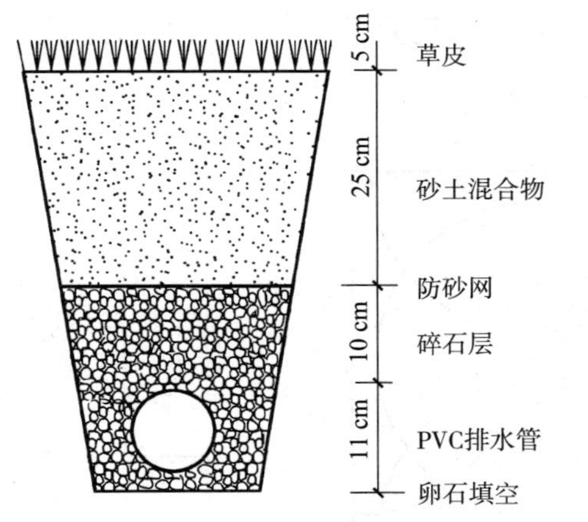

图 3—3　足球场典型排水断面示意图

2. 灌溉系统

灌溉对于保持草坪草旺盛的活力和健康的生长是非常重要的。目前实际生产中应用比较多的灌溉系统主要有硬管固定式灌溉和软管牵引式灌溉 2 种。

（1）硬管固定式灌溉（喷灌）　硬管固定式灌溉系统即常说的喷灌系统。它是足球场草坪上应用最普遍的灌溉方式，由埋藏在地下的管道主干线和支线组成，在每个重要节点处安装一种固定向上旋转喷水的喷头，能使整个草坪完全被喷头喷出的水覆盖。

各个支线的喷头由安置在干线上的阀门来控制，而各个干线的阀门由一个中心点控制的液压或电动操作阀门控制。这样可消除由人工操作带来的不便，但此种灌溉方法需要追加一定的设计成本，大面积草坪若要求必须在白天或夜晚的闲余短暂时间内完成灌溉，这

种灌溉方式则显示出其优越性。

另外需要注意的一点是，足球运动是一种非常剧烈的运动项目，如果场地上存在比较坚硬的物体有可能会对运动者造成伤害。因此，在许多足球场草坪喷灌中，如果将喷头全部设置在场地之内，则必须使用地埋弹出式喷头，或者将喷灌设备布置在场地之外，即沿场地边界布置喷头向场地内部进行喷灌，设置在场地外时必须使用大型的长射程喷头。

常见的喷灌系统有以下 3 种：

1）地埋、自动升降式喷灌系统。该系统要求喷头必须为地埋、伸缩式，各级管道均应埋于地下，喷灌时弹出，喷灌后缩回。其优点是系统易于自动控制，操作方便，省工、省力，水喷洒均匀，缺点是成本较高。

2）场外固定喷灌系统。该系统要求喷头射程远、流量大。优点是场内无喷头，保证运动员的安全。缺点是水滴大，易产生地面径流，对土壤的侵蚀较为严重，喷撒均匀度不高。

3）移动喷灌系统。该系统临时装在场内，喷灌完即移走。较费工、费时，适于较小型运动场的灌溉。

如图 3—4 和图 3—5 所示分别为足球场内喷灌示意图和足球场外大型喷枪喷洒示意图。

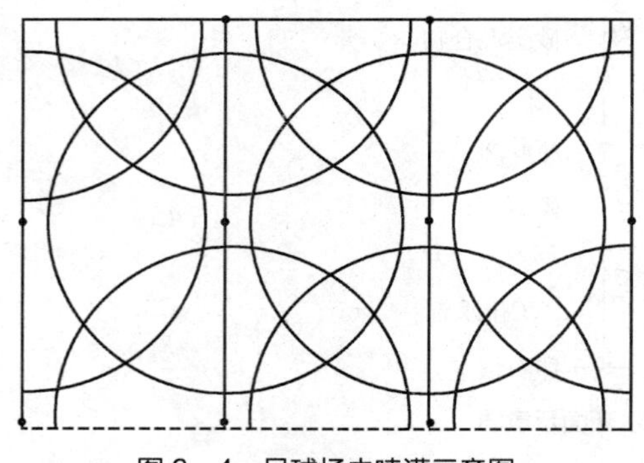

图 3—4　足球场内喷灌示意图

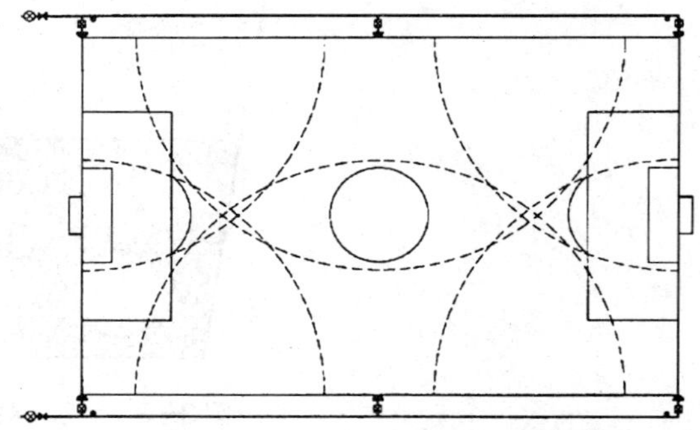

图 3—5　足球场外大型喷枪喷洒示意图

（2）软管牵引式灌溉　足球场草坪上经常采用这种灌溉方式来补充暂时或偶然的缺水。其特点是安装简单、费用不高。但缺点是需要大量劳力，且灌水分布不均匀。这种灌溉方式的安装方式是：在场地外围固定 1 个或多个水龙头，需要灌水时接上携有多个旋转喷头且长短不一的软管即可使用。这种灌溉方式出水口设在几个关键位置上，在一个出水口上用软管连接的喷头浇完后，再移动软管到另一个出水口上，直至浇完全部场地。

二、足球场草坪土地的平整

对于高水平的足球场地，坪床一定要平整，床土要细碎、干净、紧实，底肥要足，排

灌系统要合理。在床面平坦的前提下，以形成中间高、四周低约 0.4%～0.6% 的龟背式排水坡度为佳。如果坡度超过 0.7%，则会影响使用。

坪床的平整通常分粗平整和细平整两类。坪床的具体平整工作参考模块二中的相关内容。如图 3—6 所示为经过细平整后的足球场坪床。

图 3—6　细平整后的足球场坪床

优质运动场草坪不但需要正确的坪床材料和选择配比合理的坪床结构作为基础，更重要的是要有充足的建设资金和后期的维护管理费用作为保证。在国内很难见到一流的运动场草坪，与国外相比，我国的运动场草坪质量普遍不高，坪床材料选择不当和坪床结构设计不合理是很重要的原因，而且我国在运动场草坪研究领域的专门人才很少，缺乏深入系统的研究，缺少专门的运动场草坪实验室，场地建设往往存在盲目性。另外，许多场地建设都存在资金与施工方面的矛盾。应该在充分了解国外运动场草坪研究的最新动态和成果的基础上，结合实际，找到适合我国国情的运动场草坪建设标准和方案。

任务实施

足球场草坪坪床的准备流程见图 3—7。

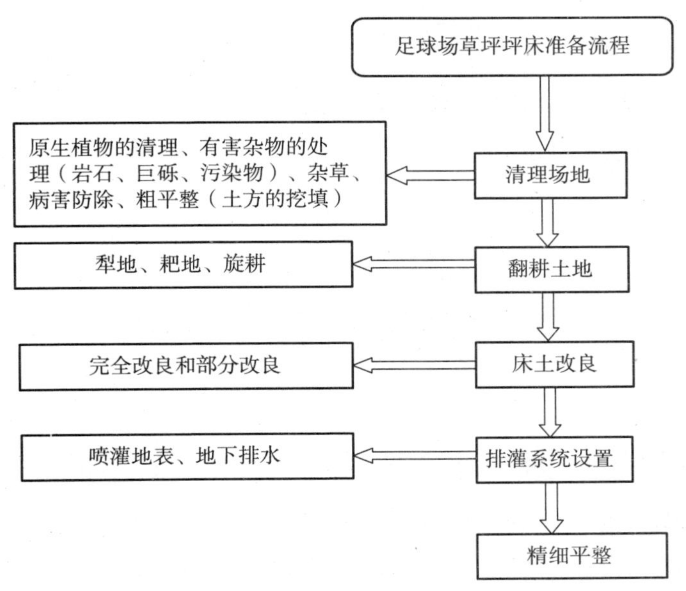

图 3—7　足球场草坪坪床准备流程

评分标准

序号	考核内容	具体要求	评分标准	得分
1	足球场草坪的排水系统	能够画出足球场草坪的排水结构示意图	50	
2	足球场草坪的喷灌系统	能够画出足球场草坪的喷灌系统示意图	40	
3	足球场草坪土地的平整方法	能够说出足球场草坪土地粗平整和细平整的内容	10	
合计得分				

思考与练习

1. 一个大型足球场草坪的坪地整理需要哪些步骤？

2. 足球场草坪的土壤排水系统是如何设置的？各个部分能够起到什么作用？

3. 足球场草坪的喷灌系统是如何设置的？设置的过程中应该注意哪些事项？

4. 在有条件的情况下，调查一个当地足球场草坪，看存在哪些问题？分析所存在的问题是否与最初的坪床整理有关系？

课题二

足球场草坪草种选择

任务目标

◇了解高水平足球场对草坪的技术指标要求

◇掌握常见足球场地草种配方

任务提出

为建植如图 3—1 所示的足球场草坪，针对足球场的特点进行草种选择和配比。

任务分析

高水平的足球场很大程度上取决于草坪草的质量。良好的运动场草坪不仅是运动员优异成绩的保证，也是保持运动员远离损伤、维持较长运动寿命的必要条件。应该依据足球运动对场地的技术要求选择合适的足球场草坪草种。

相关知识

一、高水平足球场对草坪的技术指标要求

1. 耐践踏性强

草坪耐践踏性是指草坪在不同强度外力作用下保持或恢复原草坪使用特性的能力。表示的是草坪草忍耐外来冲击、磨损、土壤紧实性等的综合能力，是足球场草坪草必须具备的重要特征，同时也是保证足球场草坪运动质量稳定性的重要前提。

总体上讲，暖季型草坪草在耐磨损性上要强于冷季型草坪草，这是因为暖季型草坪草茎叶结构粗糙、植株密度大、茎叶组织中纤维素含量较高等。

2. 茎叶密度高，草色均一鲜艳

致密均一、颜色鲜艳的草坪不仅可以为比赛提供良好的竞技场地，减少对运动员的损伤，而且赏心悦目的草坪景致不会让观众在长时间的比赛观看中感到眼睛疲劳，因为绿色是人视觉感觉最舒适的颜色之一。

3. 具有良好的弹性和回弹性

足球运动是一种高强度的对抗比赛项目，为了保证运动员的安全和比赛的舒适性，提高运动员的比赛积极性，球场草坪的弹性及回弹性必须达到一定的标准，以保证场地良好的缓冲性能和运动质量。

4. 生长迅速，具有较强的恢复能力

足球运动员在比赛中的激烈拼抢、冲顶、铲球等动作会对草坪造成不同程度的伤害，只有具有较强分蘖能力或扩展能力的草坪草，才可以在较短的时间内自我恢复，否则极易使草坪形成秃斑，影响比赛质量。

二、常用的足球场草坪用草种

在满足足球场草坪用草各种指标的前提下，可供选择的草坪草种并不多。主要有以下几种：

1. 冷季型草坪草：主要有草地早熟禾、高羊茅、多年生黑麦草和紫羊茅。
2. 暖季型草坪草：主要有狗牙根、结缕草、假俭草和地毯草。

三、足球场草坪用草种的选择依据

1. 环境和气候条件

进行草种选择时，首先应确定是选用冷季型草坪草还是暖季型草坪草。在中国一般是以长江为界，长江以南首选暖季型草坪草，长江以北首选冷季型草坪草，过渡带地区可以

选择上述两种类型的草坪草。

2. 场地养护管理条件

暖季型草坪草中，狗牙根与结缕草相比，狗牙根对管护要求更高，由于其具有较快的生长速度和发达的匍匐茎，使狗牙根草坪易形成厚厚的枯草层，如果后期的通气打孔、垂直切割等措施跟不上，则过厚的枯草层会影响水肥的下渗，容易引发病虫害，还会降低所施药剂的效果。而如果枯草层得到很好的控制，则适宜的枯草层会减轻土壤紧实，改善球场表面硬度，同时还对草坪草生长点具有保护作用，免其受冻害。同时狗牙根草坪还对水肥需求较高。狗牙根较低的修剪高度和较快的生长速度，使其需要频繁的修剪才能保持其草坪的优异质量。而结缕草草坪对管护要求较低，更适合普通的足球场草坪。

冷季型草坪草中，草地早熟禾与高羊茅相比，草地早熟禾对管护的要求更高，主要是对水肥的需求以及对病虫害的敏感性。而高羊茅由于其极强的抗热性和抗旱性，使其在过渡带地区或低养护管理条件下，成为足球场草坪的理想选择。

3. 草种特性

（1）在冷季型草坪草中，草地早熟禾是足球场草坪的理想选择。

强壮的根状茎是草地早熟禾作为足球场草坪草具有的最显著特点，它可以产生致密的草皮，保护草坪草根茎免受损伤。此外，根状茎的快速伸展蔓延，可以使受损草皮和裸地迅速得到恢复。

草地早熟禾具有良好的耐磨损性，可以提供适宜的摩擦力，恢复能力和抗虫性较强，在不同水平的养护管理条件下，依然可以表现良好。此外，在纬度较高的寒冷地区，由于草地早熟禾优异的抗寒性，使得大多数足球场草坪建造者青睐于草地早熟禾。

草地早熟禾与其他冷季型草坪草相比，成坪慢是其最大的不足，草地早熟禾草坪至少需要 180 天的成坪时间方可投入使用。建植草坪时，如果要增加草坪耐磨损性，则可选择草地早熟禾和多年生黑麦草混播，混播比例一般为 7：3 或 8：2。这种混播组合成坪快，耐践踏性强，是冷季型足球场草坪中常见的也是较为理想的选择。

（2）多年生黑麦草在非极端温度条件下，是一种非常优异的足球场草坪草，它不仅具有极强的耐践踏性和抗病虫害能力，同时还具有极其发达的根系，使得多年生黑麦草草坪对土壤紧实的耐性较强，在激烈的比赛中其草皮也不易被鞋钉揭起。多年生黑麦草是冷季型草坪草中成坪最快的草种，从播种到投入使用大概需要 60～90 天即可，如果足球场草坪需要在较短时间内完成建植，则多年生黑麦草无疑是最佳选择。

由于多年生黑麦草成坪快的特点，使其成为交播的最佳选择，无论是冷季型还是暖季型草坪均可进行交播。多年生黑麦草为非匍匐的丛生型草坪草，恢复慢，不易形成致密的草皮，这也是多年生黑麦草作为足球场草坪草最大的不足。同时由于其不耐极端温度，且

没有草垫层的保护，在冬季易受冻害。

（3）高羊茅由于质地较粗糙，不耐低修剪，因此在高质量足球场草坪的建植中很少使用，但随着育种技术的发展，高羊茅的这些不足已得到改进。高羊茅是冷季型草坪草中抗热性和抗旱性最好的草种，同时耐践踏性也极强，但高羊茅对土壤紧实较为敏感，在使用强度较大时，往往表现不好。因此，在气温相对较高、使用强度不大或灌溉条件不好的地方，高羊茅是一种不错的选择。高羊茅和草地早熟禾混播也是常见的一种选择，通常以高羊茅为建群种，草地早熟禾的比例少于 10%（质量分数）。

（4）紫羊茅叶片纤细、植株密度高，在适宜的管护条件下，可形成细致、整齐的优质草坪。但由于其根茎生长较弱，再生能力差，很少用于单播建植足球场草坪。在寒冷潮湿地区，紫羊茅常与草地早熟禾混播建植足球场，不仅可以提高草坪的建植速度，而且可以提高草坪的耐阴能力。在温暖潮湿地区，紫羊茅常用作交播草种，与多年生黑麦草相比，其在春季过渡期表现较好。

（5）在暖温带及热带地区，狗牙根是足球场草坪建植的首选。狗牙根是暖季型草坪草中生长最快、建坪最快的草坪草，且恢复能力强，极耐践踏，进入晚秋后，狗牙根生长速度减缓，用其建植的草坪很容易由于过度践踏而缺苗，这时可通过交播冷季型草坪草（多为多年生黑麦草）来弥补。由于狗牙根具有强大的匍匐茎和根状茎，所以能在翌年春天重新形成优质的狗牙根草坪，顺利完成春季过渡。狗牙根草坪由于生长速度快，极易形成枯草层，所以狗牙根草坪的养护管理中，通气打孔和表施土壤是必不可少的措施。交播多年生黑麦草时，一般不要选择生长速度慢、抗热性强的改良品种，否则不利于狗牙根草坪的春季过渡。狗牙根草坪如果选择种子建植，一般多选择脱壳种子，未脱壳种子发芽慢，而且出苗期需要特殊的管护。在适宜的气候条件下，狗牙根草坪 2～3 周即可进行第一次修剪，2 个月后即可投入使用。狗牙根草坪最大的不足就是耐阴性差，如果体育馆遮阳较为严重时，可考虑其他选择。

（6）与狗牙根相比，结缕草的耐磨损性更强，对水肥的要求不高，抗病虫害能力强，弹性好，非常适宜作为足球场草坪。而且其对低温的抗性是暖季型草坪草中最强的，即使在北过渡带也得到了广泛的使用。结缕草与狗牙根一样在冬季会休眠枯黄，如果在温带地区种植，枯黄期可达半年之久，因此常选用高羊茅混播或秋季交播，二者在叶片质地和对水肥的需求上具有很大的相似性。结缕草尽管也具有发达的匍匐茎和根状茎，但是其生长速度较慢，损伤后恢复能力较差，因此如果草坪使用强度较大时，结缕草并不是很好的选择。

四、常用的足球场草坪草种配方

1. 75%细羊茅 +10%褐顶小糠草 +15%沙生狗尾草。

2. 45%细羊茅 +40%多年生黑麦草 +15%小糠草。

3. 60%细羊茅 +20%小糠草 +20%沙生狗尾草。

任务实施

在掌握了足球场草坪草种选择的基本知识之后，在上海虹口足球场草坪建植过程中，应选择耐践踏性好、质感和色泽较好、适宜上海地区地理和气候特点的暖季型草坪草结缕草进行单播，为足球场草坪的后期养护奠定基础。

表 3—1 为国内的几个高水平足球场草坪的草种配方。

表 3—1　　国内的几个高水平足球场草坪的草种配方

足球场	草坪草种配方
北京工人体育场、先农坛体育场	结缕草
上海市虹口体育场	结缕草
八万人体育场	58.1% 高羊茅 +41.9% 早熟禾
宁波市体育中心	90% 日本结缕草 +10% 黑麦草
天津民团体育场	结缕草
大连金州体育场	高羊茅 + 草地早熟禾
厦门市体育中心	结缕草
成都市体育场	高羊茅 + 草地早熟禾
广州市天河体育场	结缕草
延吉市人民体育场	高羊茅 + 草地早熟禾
山东省体育中心	结缕草
石家庄裕彤国际体育中心	高羊茅
河南新乡体育中心	高羊茅
深圳市体育中心	结缕草

评分标准

序号	考核内容	具体要求	评分标准	得分
1	高水平足球场对草坪的技术指标要求	正确说出高水平足球场对草坪的技术指标要求	20	
2	常用足球场草坪草种	了解常见足球场草坪草的植物学特点及生态习性，能够正确选择足球场草坪草种	30	
3	常用足球场草坪草种选择依据	正确掌握足球场草坪草种选择依据	20	
4	常用足球场草坪草种的组配	能够正确进行常用足球场草坪草种的组配	30	
合计得分				

思考与练习

1. 高水平足球场对草坪的技术指标要求有哪些？
2. 根据所在地区的地理和气候特点，选择出适合所在地区足球场草坪草的种类。
3. 根据所要建植的足球场草坪的要求，如何进行常见足球场草坪草种的组配？

课题三

足球场草坪养护与管理

任务目标

◇掌握足球场草坪的常规养护管理方法

◇了解足球场草坪的常规养护管理中所使用的各种养护管理机械

任务提出

利用所学知识分析足球场草坪的养护管理技术与一般草坪的养护管理技术相比所具有的独特的地方。

任务分析

足球场使用性能的特殊性，决定了其日常养护手段也不同于一般草坪。草种好、耐践踏、时间长、不退化、草层薄、地毯化等是足球运动对其草坪的要求。因此，必须对足球场草坪进行灌溉、修剪、施肥、表施土壤、病虫害及杂草的防除、草坪修补、足球场草坪花纹设计等日常养护管理。

相关知识

一、适时施肥

草坪草颜色变淡是需要施肥的直观标志。根据足球场草坪草的特性，施肥应本着低氮、中磷、高钾的原则（氮：磷：钾 =2：3：6，有效成分比）。草坪施肥量每年应达到 20～40 g/m^2 的水平（化肥），肥料种类以尿素和复合肥为佳。

一年中有春、夏、秋三个施肥时期，春施高氮和足够的磷、钾肥，施肥量南方地区每次达 4～5 g/m^2，北方地区每次达 7～10 g/m^2，其中氮：磷：钾 =1：0.5：0.5。每年至少要施 1～2 次有机肥（均应充分腐熟），在早春或任何时候与覆土、镇压同时进行。新生草不宜早施化肥，最少修剪 3 次后才能施用。

二、修剪

1. 足球场草坪修剪的原则

适量修剪和每次保持修剪 1/3 的叶片量，当草长到 5～6 cm 高时就可修剪。剪刀要锋利，留茬高度 4～5 cm。干旱炎热的夏季，生长初期和末期应适当提高剪草高度，可比平时留茬高 1/2。修剪时应注意方向，避免在同一地点多次同向修剪。

2. 足球场草坪修剪时期及次数

一般足球场草坪草在生长季内的修剪频率见表 3—2。

表 3—2　　草坪修剪的频率

草坪类型	草坪草种类	修剪频率（次/周）			修剪次数（次/年）
		4—6 月	7—8 月	9—11 月	
足球场草坪	细叶结缕草	2～3	3～4	2～3	20～30
	狗牙根				

三、打孔通气

足球场草坪的打孔通气宜在早春或深冬进行。实心打孔锥长 10～15 cm、直径 1.3 cm，每平方米孔数不得少于 100 个。过度践踏的足球场草坪，在春季土壤湿润时，应进行 3～6 次的打孔或 2～3 次的划破处理。

四、草坪修补

足球场草坪的每一次使用都承担着非常高的比赛强度，在经过运动员在高速运动中所做的各种动作，足球场草坪有很多地方的草皮会出现被拔起或秃裸的现象，特别是在球门区等高损伤区域。在这种高强度的使用下，如果养护措施跟不上，足球场草坪比一般草坪更容易出现大范围的斑秃甚至整块草坪的退化现象。所以，对于高水平的足球场来说，修补是一项非常重要的工作，具体修补方法同观赏草坪。

此外，足球场草坪修补还需要注意以下问题：

1. 对于频繁使用的足球场草坪来说，实施修补的时间一般安排在周一到周四，避开节假日和比赛日。如果情形紧急，可利用一早一晚迅速完成。

2. 实施修补的草坪地块不能过于集中，否则会影响比赛。对于必须修补的地块可以采用分批分次进行，在保证比赛正常进行的前提下，尽快做到全部修补。

五、足球场草坪花纹设计

足球场草坪的花纹可由颜色深浅不同的草种（品种）分别种植，或由不同比例的草种混合而成。播种前先在坪床上设计好花纹图案，依此顺序播种。浇水时要细雾喷淋，防止种子相互飞溅混杂。如要求色彩鲜明的图案或文字，可播种与背景草坪区别明显的草种，如马蹄金或矮生白三叶、五色草等。

花纹或图案的边界线需要经常整饬，以使轮廓清晰，必要时也可使用专用草坪着色剂或草坪标线剂进行着色处理。

临时性花纹是由宽幅剪草机和镇压器在草坪上压出的花纹，是利用草坪草茎叶倒伏方向不同、叶片反光的差异所形成的。花纹的宽度为 2～3 m，不能交叉混乱。通常在比赛的前一天或当天作业完成，因为经过夜晚或较长时间生长，草坪草恢复垂直状后花纹会消失。

目前，常见足球场压花形状有横条式、方格式、圆形式和菱形式（见图 3—8）。

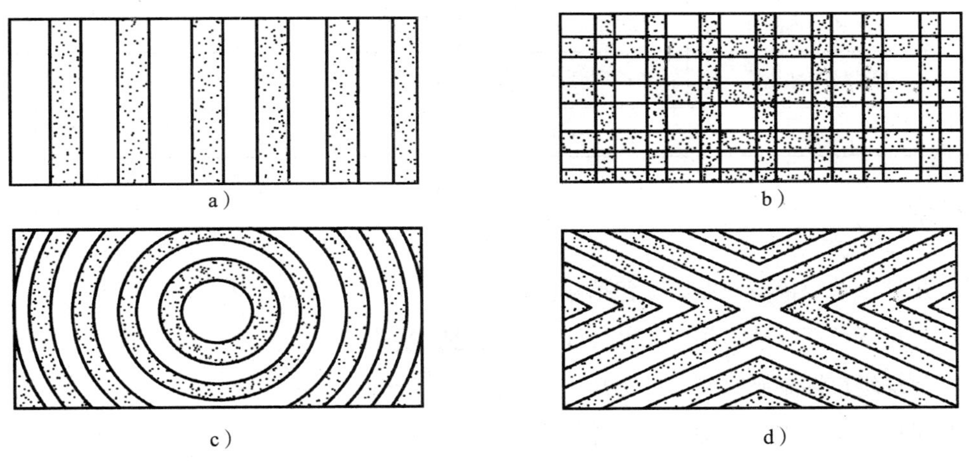

图 3—8　足球场草坪常见压花形式

a）横条式　b）方格式　c）圆形式　d）菱形式

任务实施

对于足球场草坪来说，除依季节、草种和草坪状况进行施肥、修剪、浇灌、打孔和覆沙等常规治理措施外，还应该有一些特殊的治理要求，比如依据比赛计划提前 5～10 天对草坪进行综合养护管理（施肥、灌水、修剪），使草坪处于优良状况。比赛时需要一个坚硬和干燥的表面，因此，在比赛前 24～48 h 内应停止灌溉。比赛后应及时清场，除灌溉、修剪、补肥外，还应注意损坏地块的及时修补和镇压，以及球门区等高损伤区域的草皮更

换和修补等。如使用强度过高或气候条件不利时，对出现斑秃的运动场草坪可采用多年生黑麦草等速生草种进行补播。对封闭或半封闭体育馆中的运动场草坪，还需要定期进行通风和补充光照等特殊手段治理。

评分标准

序号	考核内容	具体要求	评分标准	得分
1	足球场草坪灌溉	正确掌握足球场草坪灌溉时间、灌溉量及灌溉注意事项	25	
2	足球场草坪修剪	正确掌握足球场草坪修剪时间、高度、原则及注意事项	20	
3	足球场草坪施肥	正确掌握足球场草坪施肥时间、种类、原则及注意事项	20	
4	足球场草坪表施土壤	正确掌握足球场草坪表施土壤时间、用量、原则及材料	15	
5	足球场草坪修补	正确掌握足球场草坪修补技术	10	
6	足球场草坪花纹设计	正确掌握足球场草坪花纹设计的原则及方法	10	
合计得分				

思考与练习

1. 足球场草坪灌溉注意事项包括哪些?
2. 足球场草坪修剪时间、高度及注意事项包括哪些?
3. 足球场草坪施肥时间、种类及注意事项是什么?
4. 足球场草坪表施土壤如何掌握时间及用量?
5. 足球场草坪表施土壤所用材料有哪些要求?
6. 足球场草坪斑秃如何进行修补?
7. 对退化严重的足球场草坪如何进行更新?
8. 足球场草坪花纹设计的原则及方法包括哪些?

实训三 草坪种子直播

一、实训目的

草坪种子直播是冷季型草包括过渡型草建植的最主要方式，通过训练掌握草坪种子直播的原则和方法。

二、材料和工具

材料：草坪草种，有机、无机肥料等。

工具：铁锹（面积较大时用旋耕犁）、碾压机、小型手摇播种机、平耙等。

三、操作规程

1. 选地

选择地势平坦、排水良好的壤土或沙壤土进行播种。

2. 坪床准备

小面积的坪床可以用人工翻耕，面积较大的坪床用机械旋耕，松土后要拖平，将土壤中的杂物（石块、垃圾、树根等）清理掉，因为草坪草种通常较小，所以整地要特别精细，整平后要进行碾压，达到理想的平整状态后备用。

3. 施底肥

底肥分有机肥和无机肥两类，每平方米坪床施有机肥（以高温膨化鸡粪为例）0.5～1 kg，无机肥根据土壤化验结果而定，一般情况下施入氮、磷、钾有效成分比为 15∶7∶10 的复合肥 25～30 g/m^2 即可，要求条件较高的草坪每平方米要铺 1～2 cm 的草炭土，草炭土和有机肥结合翻地均匀施入，无机肥在播种前用小型施肥机均匀施入。

4. 播种

冷季型草的最佳直播时间为 8 月中旬至 9 月中旬和 4 月下旬至 5 月中旬两个阶段，暖季型草和过渡草直播时间则在 6 月上旬至 7 月中旬。草坪播种量视草种的大小、发芽率、纯净度和草坪的使用目的而定。以早熟禾为例，一般播种量为 8～10 g/m^2，而黑麦草、高羊茅一般播种量为 25～30 g/m^2，播种时选择无风或微风的天气，将坪床等面积分区，一般情况下用手摇播种机播种，分区面积 100～400 m^2，用小型播种机（特别小的面积用手撒播也可）播种时应按设计播种量提前调试，再按垂直交叉方式分两次复播，播种后利用覆土耙及时覆土，厚度一般为 0.5～1 cm。

5. 镇压

由于草坪种子多数较细小，播种后要及时镇压，以利于覆土和保水，镇压用专用的镇压器或自制的滚子均可，要压实、压匀，很小面积的种植也可人工踩实，踩实时尽量均匀一致。

6. 覆盖

有条件的地方播种后可以进行覆盖，最好的覆盖材料是无纺布，既透气同时又保水，

还无污染。也可以使用秸秆，但效果一般。

四、播后管理

播后的主要任务是浇水，由于草坪种子较细小，播种后至幼苗期（15~25天）要一直保持土面湿润，不可见干，也不可积水，一般用雾化较好的喷灌浇水，视天气情况，每日浇水2~3次或更多，直至浇透而不积水为止。此外要注意观察出苗情况，并对不同品种的草种出苗情况进行详细记录。

五、综合练习

1. 熟悉常见的草坪草的生物特性，对主要草种进行发芽试验，并对其纯净度、千粒重进行测量。

2. 掌握主要草种的播种量、播种方法。

3. 播种后进行早期管理，并观察记录出苗情况。

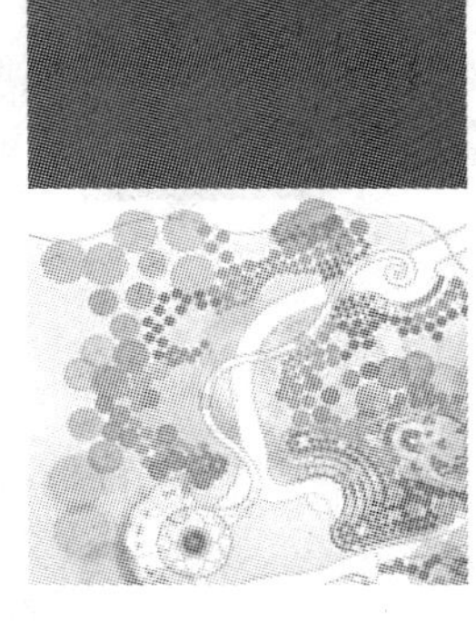

模块四

高尔夫球场草坪的建植、养护与管理

课题一

高尔夫球场草坪坪床准备及灌排水系统的规划设计

任务目标

◇掌握高尔夫球场各组成部分坪床建造方法

◇掌握高尔夫球场草坪的坪床结构与建造要求

◇掌握高尔夫球场草坪坪床的土壤改良与坪床平整方法

◇掌握高尔夫球场草坪喷灌系统的布置

◇了解地下暗管、地下渗沟、土壤基层排水的规划设计

任务提出

如彩图 2、彩图 3 所示分别为广东东莞 36 球洞高尔夫球场、山东某地 18 球洞高尔夫球场，如图 4—1 所示为高尔夫球场球洞的组成。现要求根据所学知识建造高尔夫球场草坪坪床，并对高尔夫球场的灌溉系统与排水系统进行规划设计，为高尔夫球场草坪的建造和草坪草的正常生长提供良好的基础。

任务分析

高尔夫球场草坪坪床的建构主要包括果岭部位坪床、发球台坪床、球道坪床、高草区坪床、沙坑坪床和草坑坪床的准备。

高尔夫球场草坪的灌溉与排水系统在很大程度上影响着球场的运营状况与球场草坪的质量，因此，高尔夫球场在设计之初就需对整个球场的灌排水系统进行良好的规划。

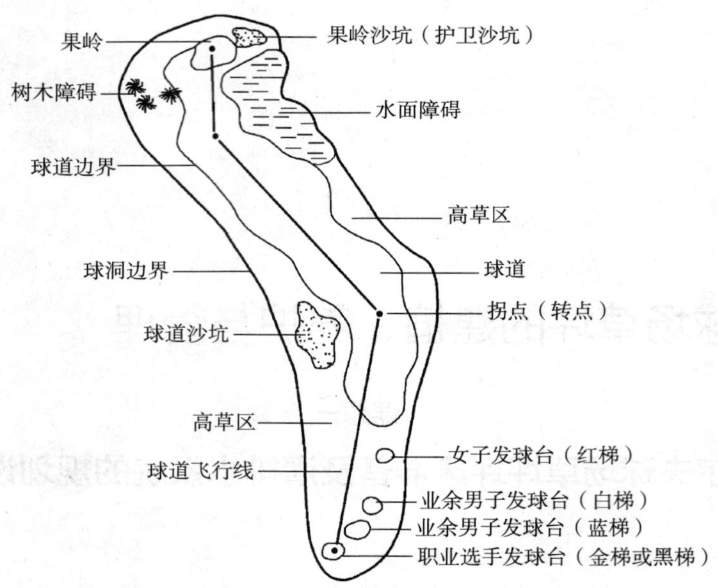

图 4—1 高尔夫球场球洞的组成

相关知识

一、高尔夫球场各部位草坪坪床准备

1. 果岭草坪坪床结构与建造

果岭是高尔夫球场中最重要的部分，在建造方面要求很高。目前，世界上通用的果岭建造方法为美国高尔夫球协会（USGA）果岭标准建造法。

（1）坪床结构

1）用 USGA 标准建造的果岭主要优点有：①抗紧实；②利于根层的水分渗入和水分过多时快速排水，避免表层积水；③减少表层径流而增加有效降水；④根际层具有良好的通气性，可为根系的健康生长提供充足的养分。

2）USGA 果岭的构造。如图 4—2 所示为 USGA 果岭构造示意图，左侧为经典的 USGA 果岭结构图。果岭构造在地基上依次是砾石层、过渡层（也称粗沙层）、根际混合层。砾石层的厚度为 10 cm，粗沙层为 5～10 cm，根际混合层为 30 cm，整个果岭的深度为 45～50 cm。

在球场建造过程中，粗沙层的铺设是一项十分艰巨的工作。当选用的砾石层粒径符合一定参数时，其过渡层可以省略（见图 4—2 右侧示意图）。

（2）果岭建造 果岭建造是高尔夫球场建造中最昂贵、最费时的部分。一般包括一个大的地下排水系统、特殊根层的改良和精细的地表造型等。果岭建造的主要步骤包括以下几个方面：

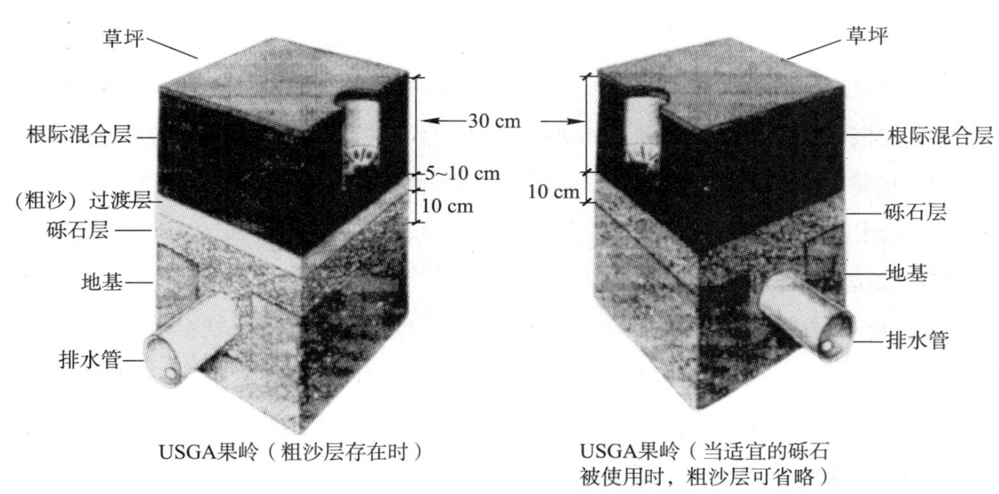

图 4—2　USGA 果岭构造示意图（引自 James B Beard，2002）

1）测量和放样定桩。根据设计图纸，在变化的突出点上，如最高点和最低点可附加定桩，并根据每点的变化，控制填方或挖方。

2）地基的粗造型和细造型。果岭地基的粗造型一般是挖除多余或填埋所需的土方，达到设计要求的高度。果岭地基最终定型后的高度低于果岭最后造型面 30～45 cm，在内凹下去的地基上放置 30～45 cm 的排水材料和根层沙质混合物。

粗造型完成后，再配以人工对整个粗造型的地基进行修补、夯实、整洁等细致的工作。有些球场为了使地基更加稳固，地基表层黏土常混合石灰或水泥。

3）排水系统安装。果岭的排水对果岭后期养护管理极为重要。果岭地基排水实施步骤参照本模块中相关内容。

4）砾石层铺设。在排水层的基础上，铺上一层厚约 10 cm，经水冲洗过的颗粒直径 4～10 mm 的砾石层，将整个果岭地基铺满。

5）粗沙层铺设。在砾石层之上铺设一层厚度为 5 cm、颗粒直径 1～4 mm 的粗沙层。粗沙层一般采用人工铺设，在一定条件下可省略。

6）根际层建造。高尔夫场地的果岭草坪根际层必须用专门准备的混合土来建造。USGA 标准的果岭根际层是包含沙和有机质的混合土壤，其中以沙为主。

①根际层的改良：通过对土壤物理特性的测试、对涉及的各种土壤材料化学性质的测定、对具体的土沙有机混合物进行长期的实地综合实验观察，对根际层进行正确选择。

②根际层改良物质：用于根际层改良的最佳土壤组分是壤沙、沙壤和壤土，避免使用粉粒含量大于 20% 或黏粒含量大于 10%的土壤。颗粒较圆滑、硬度高、冲洗过并过筛的硅质沙是根际层改良的首选用沙。尽量避免使用高 pH 值的钙质沙。沙子的粒径应以 0.25～1 mm 的中沙和粗沙为主，二者的比例至少为总量的 60%。腐熟良好的泥炭土是最

常用的有机物，完全腐熟分解的、矿质含量极低的泥炭土最好。其他有机改良物质包括腐烂的锯末、碎树皮、木质化的木料和一些动植物的副产品。

将所有的根际层物质在果岭场地外进行充分混合，并运送、堆放到果岭周围。用小型履带式推土机将其小心地推到果岭上。铺设根际层时应以 3～4.5 m 的间距安置标桩。果岭根际层混合土的散布可用人工铲、推和拖来完成。

2. 其他部位坪床结构与建造

（1）发球台坪床准备 发球台的形状一般依现有地形而定。其形状多种多样，常见的有长方形、正方形、半圆形、类圆形、圆形、椭圆形、S 形、O 形、L 形、不规则形等。

现代高尔夫球场均使用多发球台体系。一个洞的发球台组成发球区，一个发球区至少要建有 4 个发球台，距果岭由近到远依次为女子发球台（红梯）、业余男子发球台（白梯）、业余男子发球台（蓝梯）和职业选手发球台（金梯或黑梯）。

1）坪床结构。理想的发球台根际层土壤应具有不易紧实、良好的排水性、适当的持水性、适宜的弹性以利于球座插入，且无石子等杂物。发球台根际层深度一般为 20～45 cm，其坪床结构一般有三种（见图 4—3）：

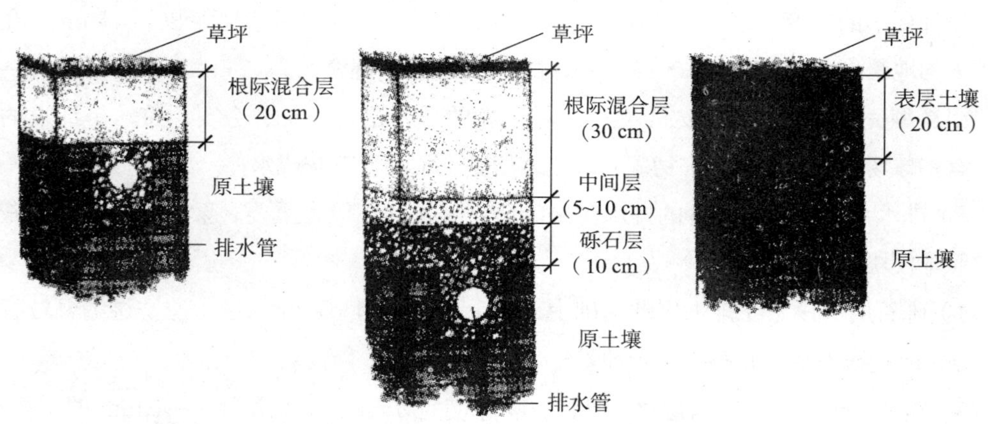

图 4—3 发球台坪床结构示意图（引自 James B Beard，2002）

第一种坪床结构投资较少，建造相对简单，具有一定的排水性，适于利用强度为低到中等的发球台。

第二种坪床结构投资大，建造程序复杂，对建造材料要求高，建成后排水性能优良，最适宜草坪草生长，适于利用强度大的发球台。

第三种坪床结构投资最少，建造最简单，但排水性能相对要差，适于面积较大、利用强度低或中等的发球台。

这三种坪床结构各有特点，具体选择哪一种，则要考虑到发球台的利用强度、面积大小、投资费用以及球场所处的气候条件等因素。

2）发球台建造。发球台建造与果岭建造过程相似，但没有果岭建造要求那么严格。具体建造步骤主要包括：测量放线、基础造型、地下排水系统安装、铺设根际混合层、喷灌系统安装、表面细造型等。

3）坪床准备。发球台的坪床准备工作主要包括施基肥及改良土壤、坪床土壤消毒和坪床细平整等工作。

施基肥应根据草坪草生长的要求和发球台坪床土壤营养成分测定结果，在坪床中施入适量的氮、磷、钾复合基肥，一般基肥以低氮、高磷、高钾为主。草坪建植初期，基肥应以磷、钾肥为主，氮肥为辅。一般来说，复合基肥的施入量为 50～80 g/m^2，氮、磷、钾三种元素的比例为 4：5：5，但这也要根据坪床土壤营养成分测定结果来具体确定。除了复合肥，有机肥料如蚯蚓肥、膨化鸡粪、厩肥、堆肥等也可作为基肥施入，一般为 1～2 kg/m^2。基肥施入土壤中的深度不能超过 15 cm，可将复合肥或有机肥施入到坪床表面，然后用机械充分混拌，直至肥料与土壤混合均匀。

绝大多数草坪草最适宜的 pH 值是中性到弱酸性（pH 值为 6～7），在此 pH 值范围内，草坪草生长最佳。根据坪床土壤测定结果，如土壤偏酸性或偏碱性，则需对坪床土壤进行酸碱改良。对于偏酸性的土壤，其改良方法为在土壤中施入一定量的石灰，石灰要充分混拌于 20 cm 土层内，石灰可有效地改良土壤的原始酸性。对于偏碱性的土壤，除了在草种选择中考虑选用耐盐碱性的草坪草种外，还应在坪床准备中施入酸性物质，如泥炭土、有机肥、充分腐熟的农家肥等，还可施入如硫磺粉、硫酸亚铁等呈酸性的化合物来改良土壤的碱性。为了保证土壤良好的团粒结构，提高土壤通透性和保水保肥能力，在坪床准备中往往加入一定量的泥炭土，为草坪草生长创造良好的条件。

如有必要可对发球台坪床进行消毒工作，以杀灭杂草种子、营养繁殖体及病原体、虫卵等。最常用的消毒药剂是福尔马林、五氯硝基苯、氯化苦等，将药剂均匀注入干燥的土壤中，待药液渗入后，要用湿草帘或塑料薄膜进行覆盖，防止药液挥发，使之在土壤中充分发挥作用。经 5～7 天后可除去覆盖物，并耕翻土壤，促使药液挥发，再经 7～10 天待无气味后，再进行坪床的细平整工作。

发球台坪床的细平整工作，首先要清除坪床内的石块、树根等杂物，其次利用人工结合机械进行细平整。要保证细平整后的坪床表面具有 0.5%～2% 的排水坡度，其倾斜方向应前高后低，排水线路为多个方向，但要避免使水流向球手进出发球台及球车通过的区域。发球台周围边坡的朝向则根据地形而定。对于台阶式发球台，其排水坡度最好朝向右后方或左后方，以避免雨水汇集在台阶基部。最后，用人工和机械将表面处理平整、光滑，并压实，等待植草。在坪床的细平整中，可使用一些电子设备或水平尺等来检测坪床的平整光滑度，以期获得一个理想的符合设计要求的发球台表面。

（2）**球道坪床准备** 球道通常是指连接发球台和果岭之间、较利于击球的草坪区域，是从发球台通往果岭的最佳路线。球道面积广大，是最能体现球场风格的地方，其形状一般为狭长形，也有向左弯曲、向右弯曲或扭曲形。球道宽度随地形的变化而形成曲线，一般为 30～60 m，比较普遍的是 40 m。

与果岭及发球台不同的是，球道不是每个洞必不可少的一部分，如有些三杆洞常常没有球道。

与球道相邻的障碍除高草区外，还有一些水面障碍，如海、湖、塘、河流、水池或其他开放式水面可延伸至球道中，甚至切断球道，其他障碍如草坑、草丘、沙坑、树木等，与水面障碍一起构成球场障碍区。

球道建造的主要步骤有：测量放线与标桩、场地清理、表土堆积、场地粗造型、排灌系统的安装、坪床土壤改良、场地细平整等。

球道坪床准备参照模块二中相关内容。

（3）**高草区坪床准备** 高草区是处于果岭、发球台、球道外围，修剪高度较高、管理较粗放的草坪区域，用以惩罚球手过失击球、增加球手打球难度。高草区的面积因球场占地面积和设计要求的不同而差异很大，一般一个标准 18 洞球场的高草区占地面积为 15～35 hm^2。高草区内除了种植有草坪草外，还种有树木、花卉等园林植物。

高草区根据草坪修剪高度、管理水平和距球道边缘远近分为初级高草区和次级高草区 2 种。在管理水平极高的球场，有时在初级高草区和球道之间还留有中间高草区，中间高草区的草坪修剪高度介于球道和初级高草区之间。

高草区坪床的建造与球道建造相似，具体内容参照球道建造中相关内容。

（4）**沙坑坪床准备** 沙坑为四周被草坪环绕，并由沙子覆盖的凹陷区，通常为一个覆盖着沙子的坑。也就是说沙坑是高尔夫球场上除去草皮和泥土而由沙粒填充而成的凹陷的区域，是球场障碍区的一个重要组成部分。

沙坑一般由沙坑前缘、后缘，沙坑边唇，沙坑面和沙坑底等几部分组成。

根据所处的位置，可将沙坑分为果岭沙坑和球道沙坑 2 类。果岭沙坑，也叫护卫沙坑，指的是分布在果岭周边的小沙坑，用于护卫果岭，一般小而深。球道沙坑设置在球道两侧或高草区内，多在落球点附近，一般大而浅，起伏平缓。

在一个高尔夫球场草坪上，沙坑所涉及的范围包括从沙坑到沙地共 4 000 多平方米的面积。从建造角度来说，沙坑的大小应有利于造型机操作，从管理的角度来看，应有利于沙坑耙沙机械的操作。因此，一般来说，一个沙坑占地面积约为 90～370 m^2。

目前大多数标准 18 洞的高尔夫球场建有 40～80 个沙坑。因为沙坑的维护费用高，所以在具体的场地中可根据实际需要设置沙坑。

（5）草坑的建造与管理　草坑为呈凹形的、草坪较高的地域。草坑建造形状与沙坑基本相似，坑沿与周围地面等高。草坑既有分布在球道上的，也有分布在球道与初级高草区之间或高草区的。草坑的功能主要有增加打球战略性，增加球道起伏变化，使球场具有更好的景观效果，隔离景观区域以及增加打球的安全性等。草坑的养护管理费用要较沙坑低。

二、高尔夫球场灌水系统

灌溉对高尔夫球场草坪质量的高低起着至关重要的作用。纵观全世界高尔夫球场草坪，所有果岭和发球台都是需要进行灌溉的，自 20 世纪 50 年代以来，大多数球场还增加了球道灌溉，有些高草区也安装了灌溉系统。而排水也在很大程度上影响着球场的运营状况与球场草坪的质量，排水不良将直接导致草坪质量的低劣甚至影响球场的良好运营。因此，高尔夫球场在设计之初就需对整个球场的排水系统进行科学的规划。

1. 喷灌系统中喷头布置

（1）果岭喷头布置　高尔夫球场建设中，设计与建造最为精细的部分是果岭。因此，高尔夫球场喷灌系统中其他部分的喷灌可以简化，但果岭区的喷灌必须得到保证。

果岭区在喷头布置时应注意以下几点：

1）根据果岭面积的大小，一个果岭可布置 4～6 个喷头，最少也要布置 4 个喷头。面积较大的果岭，常常设计成凹凸相间的圆滑曲线形状，为了使果岭边缘的喷头能覆盖大部分果岭面，喷头可以布置在凹形的边缘，以保证喷头能覆盖大部分果岭面。

2）喷头不能布置在果岭与球道通道的正中，而应偏离通道布置在通道的两侧，如图 4—4 所示，打球方向的箭头所示即为果岭与球道之间的通道，喷头布置在通道的两侧。

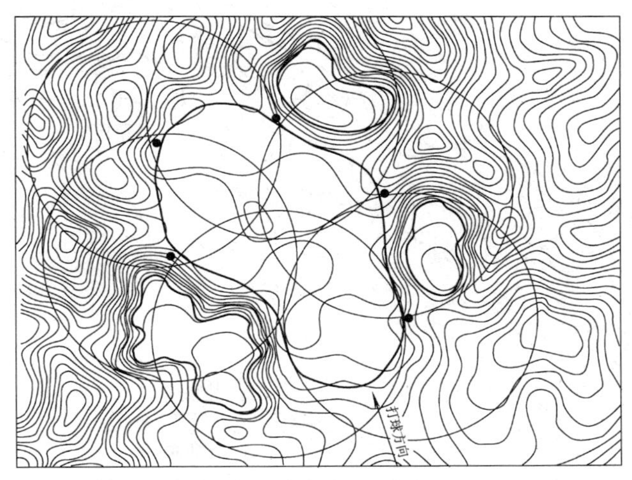

图 4—4　果岭喷头布置示例（引自苏德荣，2004）

3）在果岭面上不应将喷头放置在果岭边线上，而是放在果岭环的外缘。

4）由于果岭形状为不规则的曲线形状，要保证在果岭面上均匀喷洒是比较困难的，但是应尽可能从喷头的布置上保证均匀喷洒。一般沿果岭边线的喷头要求两两相互重叠，这样可以使喷洒水量分布较为均匀。

5）果岭喷头一般均采用全圆喷洒方式，要求使用喷灌强度较小、雾化程度较好的喷头。

6）全圆喷洒会将水喷洒到果岭以外的区域，这对果岭外围的草坪养护是有益的。正是果岭周围起伏的土丘和形状各异的沙坑将果岭烘托于其中，因此，维护好果岭周围的草坪也是果岭管理的重要内容之一。

7）全圆喷洒时部分水会喷洒到沙坑中，对沙坑边缘或沙坑唇边的草坪生长非常有利。对于特别大型的果岭沙坑，在沙坑边上的喷头也可以选用扇形喷洒方式。

（2）**发球台喷头布置** 高尔夫球场的发球台一般情况下有 4 个，分别是 1 个职业选手发球台、2 个业余男子发球台和 1 个女子发球台，有些情况下也有 3 个或 5 个发球台。不同的发球台与目标果岭的距离有一定差别，击球方向和线路也不同，这样就可以为不同的选手提供不同的选择。同时，发球台草坪很容易被球杆掀起，配置多个发球台可以轮换交替使用。

发球台是比周围地面略高的一个平台，面积为十多平方米到几十平方米不等，形状近似圆形或曲线形，发球台面有 1%左右的反坡。发球台草坪是修剪均匀整齐具有一定形状和边缘轮廓的草坪，而周围的草坪一般是高草区（见图 4—5）。根据这些特征和发球台的使用功能，发球台草坪喷头的布置原则如下：

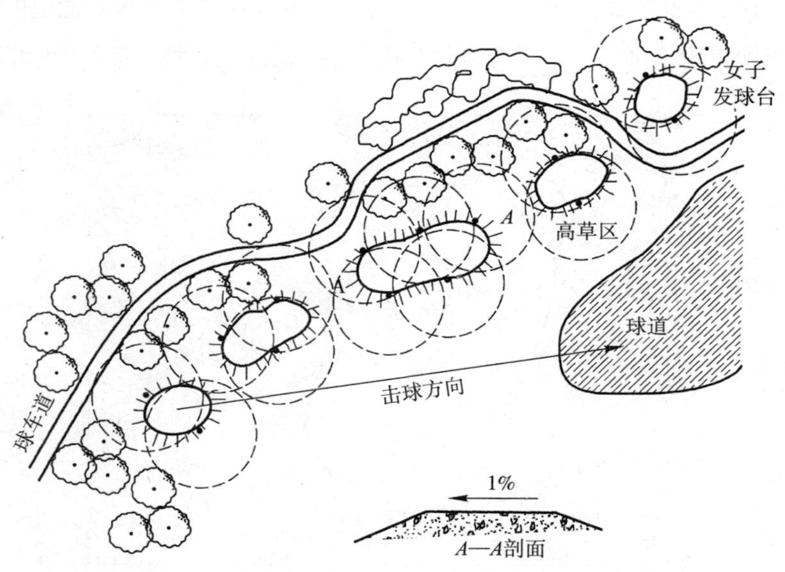

图 4—5 发球台及其喷头布置（引自苏德荣，2004）

1）不能将喷头布置在发球台中央或发球台内部，而是布置在发球台草坪的边缘或以外的高草区。

2）不应将喷头布置在发球台击球方向的正前方，而是布置在发球台两侧或后方，以免妨碍打球。

3）一般情况下发球台面积较小，每个发球台布置一个喷头就可以覆盖整个发球台，但为了使发球台喷洒均匀，并兼顾发球台周围高草区的喷灌，一个单独的不连体的发球台一般需要 2 个喷头，也可以在发球台周围适当多布置一些喷头。

（3）球道喷头布置　在高尔夫球场中，球道部分是面积最大的草坪，也是主要的打球区域，球道草坪的喷灌也是高尔夫球场喷灌系统中面积最大的部分。一个球道就是一条比较狭长、宽度为 30～70 m 的草坪绿带，球道边界以外往往通过高草区逐渐向深草区或树林过渡，并不具有明确的灌溉界限。喷点的布置应适应球道的这些特点。

球道喷头有多种布置方式，每种方式都有可能使用，而且每种方式都有一定的适用条件和优缺点，通过各种喷头布置方式的比较，才能了解这些布置的特点，以便在实践中灵活应用。

1）单行布置。球道宽度在 30～40 m 时，沿球道中线布置一行喷头就可以控制全部球道面积。单行喷头喷洒的水量分布，如图 4—6 所示，图中 *W* 为喷洒湿润带宽度，*D* 为喷洒直径，*S* 为喷头间距。

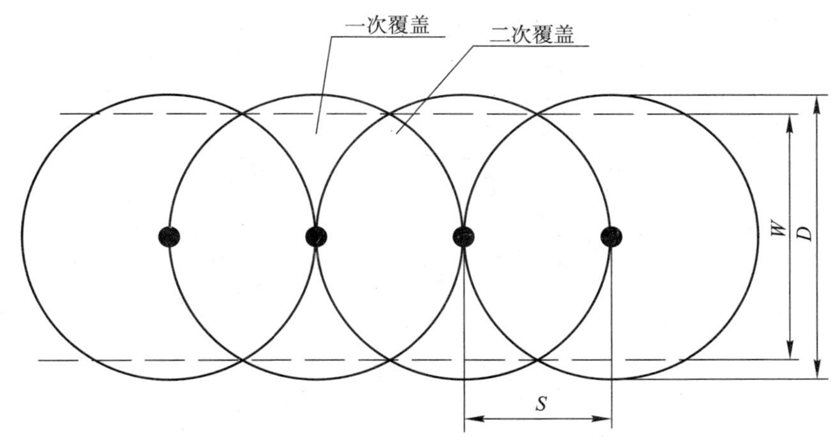

图 4—6　球道单行喷头布置的喷洒面积（引自苏德荣，2004）

2）双行布置。球道宽度在 40～50 m 时，单行喷头已不能覆盖全部球道，必须沿球道长度布置两行喷头。双行布置一般采用正三角形布置方式，喷头间距 *S* 控制在 1～1.5 R，如图 4—7 所示，图中 *W* 为喷洒湿润带宽度，*D* 为喷洒直径，*d* 为喷头行距。

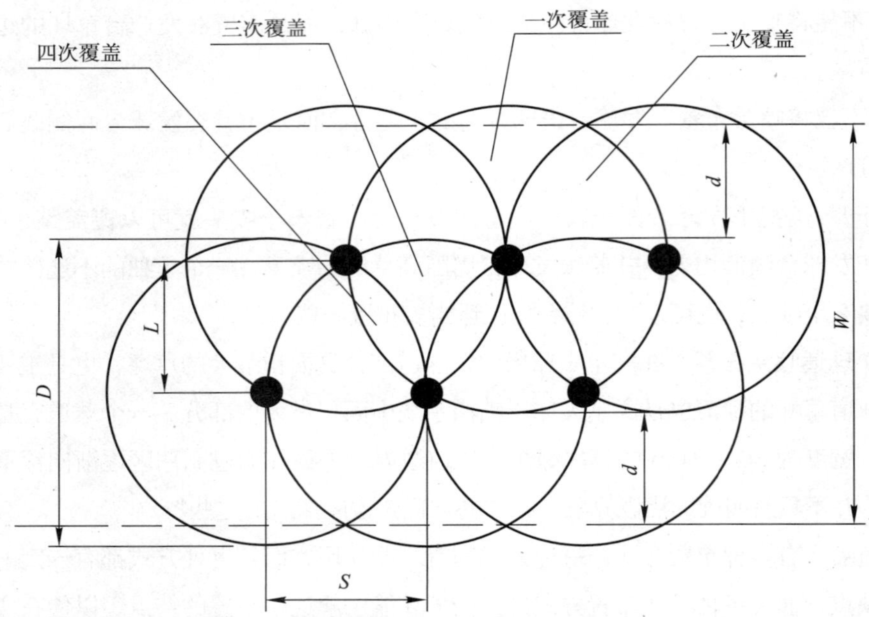

图 4—7　球道双行喷头布置的喷洒面积（引自苏德荣，2004）

3）三行布置。对于球道宽度在 50 m 以上时需要布置三行喷头才能有效控制球道喷灌面积。喷头间距 *S* 在 1 ~ 1.5 R 之间比较适宜。三行布置的覆盖宽度如图 4—8 所示。

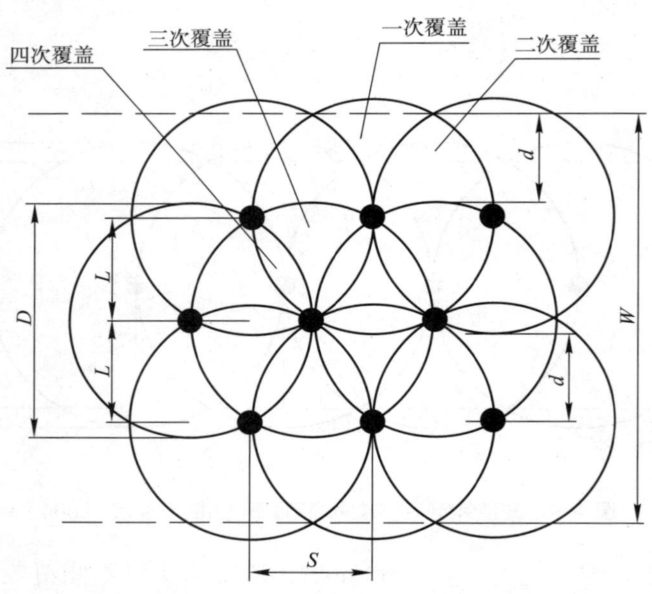

图 4—8　球道三行喷头布置的喷洒面积（引自苏德荣，2004）

4）综合布置。对一个丰富多样的高尔夫球场来说，球道喷头布置方式是综合的，并不是只应用某一种方式。如图 4—9 所示给出了一个球道喷头综合布置的实例。可以看出，其中有单行喷头布置，双行喷头布置，也有三行甚至多行喷头布置方式，但喷头的定位方式基本上都是正三角形布置。

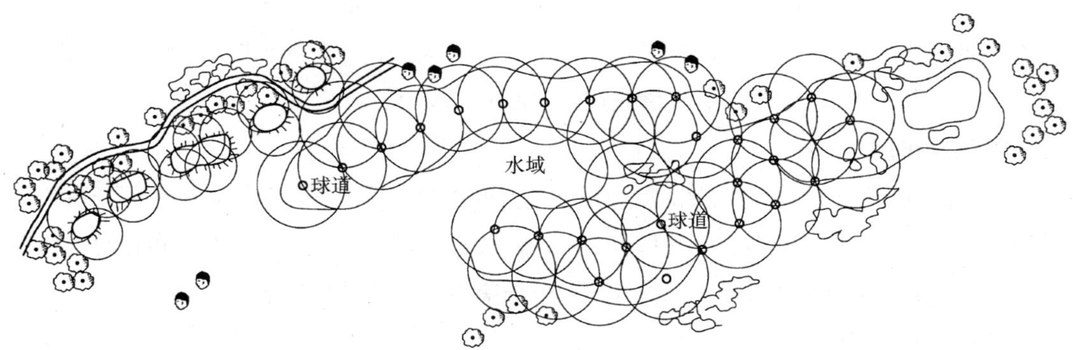

图 4—9　球道喷头综合布置实例

（4）高草区及树木的喷头布置　大多数高尔夫球场在高草区及深草区不专门铺设灌溉系统，这些区域的灌溉主要靠人工浇水或依靠自然降雨。有些高尔夫球场也在高草区设置了喷头进行自动喷灌。对于坡面上、道路两旁以及建筑物周围的园林树木和花坛等可以采用地面滴灌、地下滴灌或微喷灌系统。实际上，高尔夫球场的高草区及深草区在建设初期往往使用球场快速给水器和软管进行人工浇灌。当植被完全形成后只有在干旱季节需要一定的补充灌溉，其余大部分时间依靠自然降雨或地面上适当的集雨设施就可以满足这些区域的水分需求。

2. 管道布置

喷头布置完成以后，需要将所有喷头用不同直径和长度的管道按照一定的规则连接起来，并将不同等级或规格尺寸的管道也相互连接，最后形成一个从水源到喷头的压力供水管道系统。要用管道连接喷头，首先需要了解喷灌系统的工作方式，然后才能制定相应的管道与喷头连接规则并进行管道系统的规划布置。

（1）灌水单元管道的平面布置　灌水单元中的输水管道叫支管，干管向支管供水，支管再向喷头供水。在灌水单元中包含的喷头数量取决于单元水头损失。支管上喷头的工作压力要接近一致，或在允许的压力差范围内。一般要求喷头间的出流量差值不大于 10%，即要求支管上各喷头间的压力差不大于 20%。因此，支管不宜太长，以保证喷灌质量。在有坡度时需经水力计算确定支管的布置长度。支管与干管的连接应当呈 90°　。

（2）灌水单元管道的立面布置　支管单元管道不仅有平面布置，还有立面布置要求，将管道系统中余水排出。立面布置主要涉及管道施工安装，管沟坡度决定了管道坡度，因此，首先需要有明确的管道立面的典型设计布置图，然后才能要求在施工安装中按图施工，保证设计要求。

（3）主管道与干管道布置 在喷灌系统中支管以上的管道，视灌溉面积大小、地形变化情况和管道布置特点等对管道系统进行分级。面积大时管道系统可布置成总干管、干管、分干管和支管4级，或布置成主管、干管、支管3级。面积较小时一般布置成干管和支管2级。支管是喷灌系统的末级管道，支管上安装喷头，一个闸阀控制的支管及其喷头就是一个灌水单元或支管单元，支管是进行轮灌的基本单位。

3. 管网布置

根据灌溉面积的大小和地形的复杂程度，需要将管网系统进行分级。园林灌溉系统往往面积较小，而且布局分散，一般只有2～3级管道，即干管、分干管（3级布置时）和支管，最末一级为带喷头的管道，称支管，对于带滴头的管道称为毛管。

管网布置形式可分为以下2种：

（1）树枝状管网 树枝状管网是目前我国微灌系统管道布置应用最多的一种形式。这种形式布置简单，适用于土地分散、地形起伏的地区，水力计算也简单。根据地形及水源位置不同，一般树枝状管网可分为丰字形、梳子形、树杈形。这种形式的管网，一般要求支管严格地按顺序工作，布置管道较多，管道利用率较低。在运行中当一处管道出现故障时，常影响到其他管道，甚至造成全系统停止运行。

（2）环状管网 环状管网呈一闭合状，由多个闭路环组成。这种系统在给水工程中应用较普遍，其优点是如果某一水流方向的管道出事故，可由另一方向管道继续供水。在寒冷地区还可便于泄空系统内管网积水，防止冻胀破坏。环状管网在园林灌溉系统中适应成片的、方形面积上的固定式管网。这种管网虽然总管长比树状网长，但它可把树状网中闲置的管道充分利用起来，形成多路供水，使流量减少，总造价也比较低，但不适宜在地块分散的绿地采用。

三、高尔夫球场排水系统

高尔夫球场排水系统可分为果岭排水系统、发球台排水系统、球道排水系统、高草区排水系统和沙坑排水系统。各个区域排水系统相互连接，形成一个庞大的排水网络。

排水工程依据水分排放的形式可分为地表排水和地下排水。

1. 地表排水

（1）地表排水的种类

1）造型排水。通过合理的地表造型，减少地表局部积水。

2）水沟排水。通过排水沟、分水沟的建造，拦截分流山洪，缩短地表径流线路，减轻地表径流对土壤的冲刷。

3）汇集排水。将地表径流分区汇集到不同的低洼地，排入地下排水系统。

4）渗透排水。通过土壤改良，使表层存留的过多水分快速渗透到下层的透排水系统或深层土壤中。

（2）地表排水施工要点

1）造型排水。通过粗造型和细部整修，使球场表面光滑、顺畅，在非汇水区没有积水现象。

2）汇集排水。地表径流分区汇集到球道、高草区中一些分散的低洼地汇水区后，如果这些地区没有雨水井排走水分，可以考虑通过修建草沟把它们相互连接起来，引导进入排水系统。修建的草沟要自然融入周边地形，不得留有人工挖填痕迹。草沟的边沟坡度要适当，纵向排水坡度一般不要超过 2%。

3）水沟排水。在山坡的坡脚或山腰建造排水沟、分水沟，将山上的雨水拦截，改变水流方向，引向他处。防止雨水对山坡底部精细养护区或重点保护区的冲刷破坏。

4）渗透排水。在无法通过地表造型排出球道局部积水时，也可以通过调整土壤结构来增加土壤渗透性，使多余水分快速下渗而排入土壤中。

2. 地下排水

高尔夫球场地下排水系统的主要功能：一是疏导分流因降雨、喷灌而汇集起来的径流水。二是排除土壤中过多的渗透水。径流水可以通过进水口直接进入地下排水管排走，而渗透水则要经过土壤缓慢渗透到透水管中排走，或通过建造渗水沟将渗水排到土壤下层，通过土壤水分移动排走。

高尔夫球场地下排水系统由两部分组成：排除径流水的部分称为雨水排水系统；排除渗透水的部分称为渗排水系统（见图 4—10）。

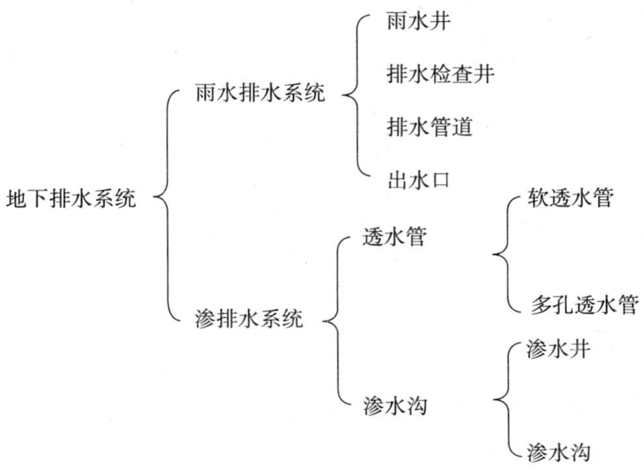

图 4—10　高尔夫球场地下排水系统组成

（1）雨水排水系统　雨水排水系统主要由雨水井、排水检查井、排水管道、出水口组

成。雨水井位于球道、高草区的低洼地汇水区，天然降水或喷灌降水形成的地表径流汇集到低洼地后直接进入雨水井，通过排水管排走。雨水井构造如图 4—11 所示。

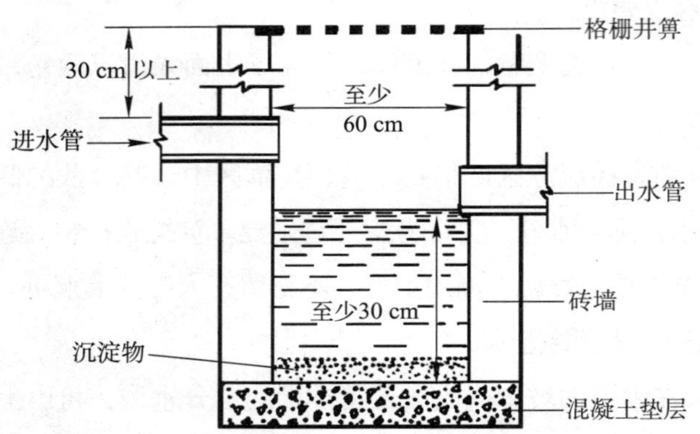

图 4—11　雨水井构造示意图（引自梁树友，1999）

排水管道按材质可分为塑料类管材、水泥类管材、金属材料管和其他材料 4 类。现代高尔夫球场排水系统所用的管材大多数采用 UPVC 塑料管、钢筋混凝土管和素混凝土管。

（2）渗排水系统　根据排水方式不同，渗排水系统可以分为透水管和渗水沟槽 2 类。现代高尔夫球场多采用透水管，铺设于球场中沙坑、果岭和发球台底部以及球道与高草区的局部地区，土壤和沙层中多余的水分通过管壁或管孔进入透水管排走。透水管在球场中铺设方式如图 4—12 所示。

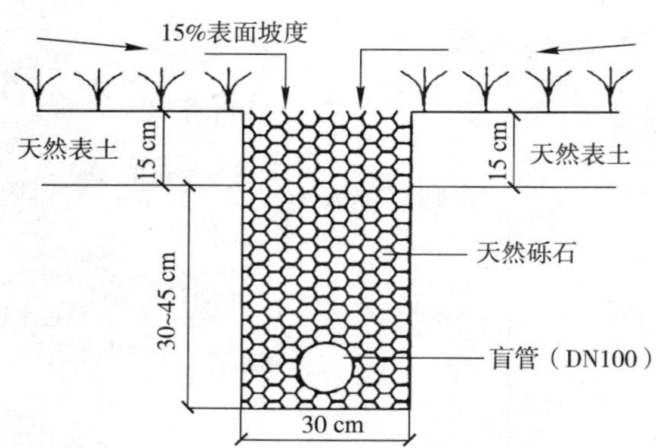

图 4—12　透水管在球场中的铺设方式（引自苏德荣，2004）

渗水沟槽主要用于球道和高草区零散的低洼地排水。简易的渗水沟槽有渗水井、渗水沟等，其剖面图如图 4—13 所示。

渗水井又称为旱井，其建造方法为：在草坪内面积较小且地表排水不畅的低洼地，挖掘深坑，最好挖到沙层，然后在坑底铺设 20 ~ 50 cm 的砾石（粒径为 5 ~ 20 mm），上层填充中、粗沙，表层覆盖一层 10～15 cm 厚的沙壤土。汇集在低洼地的水可以通过上层的沙壤土和下层的碎石，快速渗入到渗水井底部，然后通过底层土壤中的水分移动而排走。草坪草可以直接建植在上层的沙壤土上。

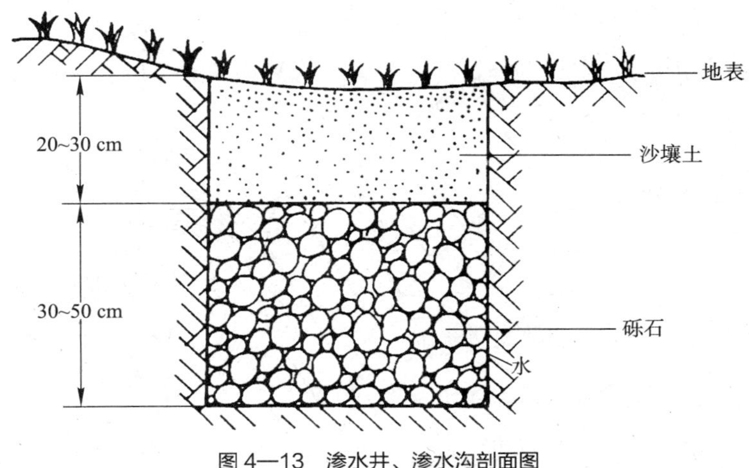

图 4—13　渗水井、渗水沟剖面图

渗水沟是在渗水不畅的低洼地，挖宽 5～15 cm、深 15～75 cm 的盲沟，用粒径 6～20 mm 的砾石填充，最上面覆上一层 10～15 cm 厚的沙壤土，最终形成一条可以排除地表积水的沙砾填充沟。

3. 高尔夫球场果岭和沙坑地下排水系统

（1）高尔夫球场果岭和沙坑地下排水系统的规划与设计　高尔夫球场的果岭和沙坑内，一般必须设置地下排水系统。如图 4—14 所示为高尔夫球场果岭和沙坑及其周围球道和高草区草坪的地下排水及地表排水系统布置示意图。

果岭基础地面上各排水层也是随基础地面的起伏而变化的，并非一个平面，如图 4—15 所示。沙坑排水暗管及其排水体的断面结构如图 4—16 所示。

（2）发球台排水管道的布设方式　发球台排水管道的布设方式常为炉箅式（见图 4—17），即主排水管位于发球台的一侧，渗透进支排水管的水在重力作用下流入主排水管中，最终流入球场地下排水系统中。

（3）球道排水系统管道的布设方式　球道排水系统通常是一个或多个主排水管道以及按一定间隔排布的支排水管道延伸至球道中。如果球道较为平坦，地下排水系统可以是一组单独的通过低洼区域的排水管道，也可以是排水管以鱼脊式或炉箅式排列而成。如果球道起伏较大，可通过适宜的地表造型防止球道积水，而仅在低洼地安装地下排水系统（见图 4—18），或者根据实际情况采用渗水井、渗水沟等进行排水。

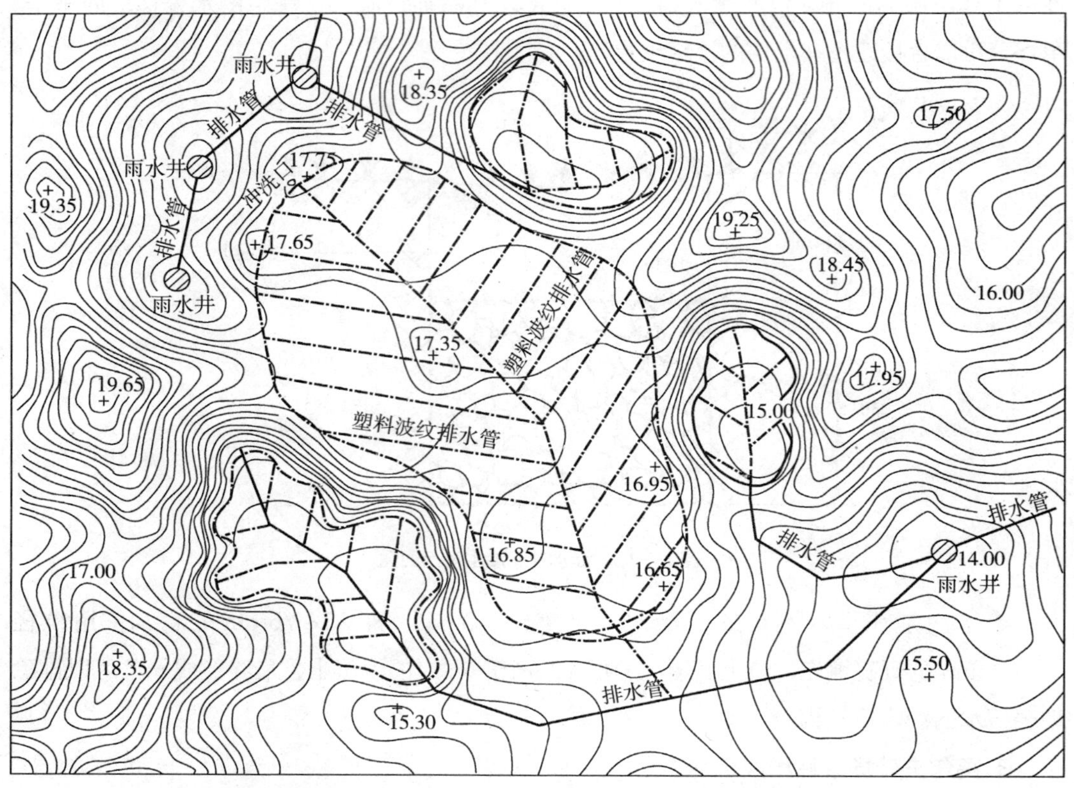

图 4—14 果岭、沙坑地下排水及地表排水系统布置示意图（引自苏德荣，2004）

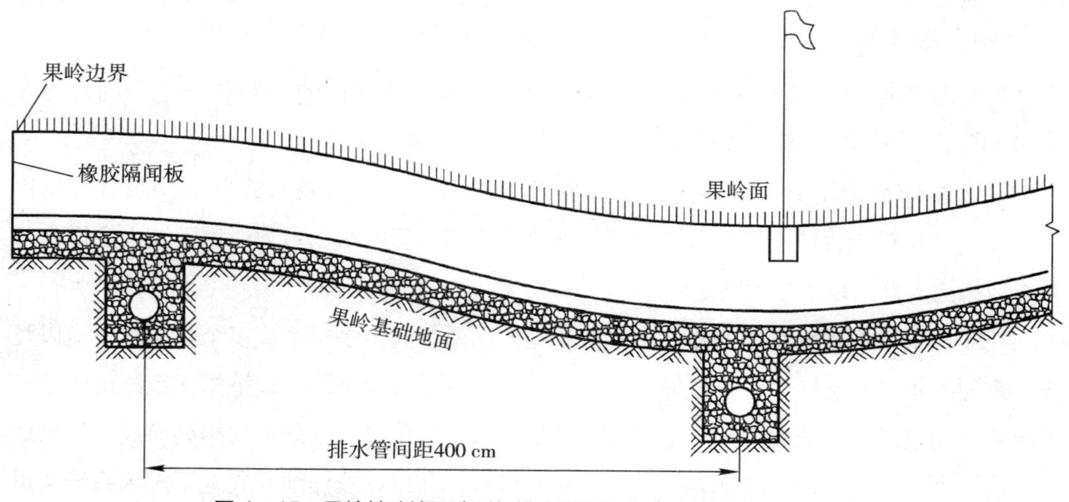

图 4—15 果岭基础地面造型与排水层的配合（引自苏德荣，2004）

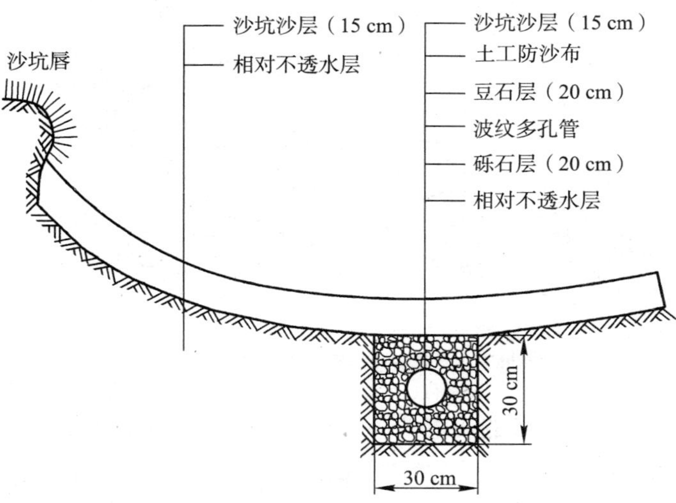

图 4—16　沙坑排水暗管及其排水体断面结构（引自苏德荣，2004）

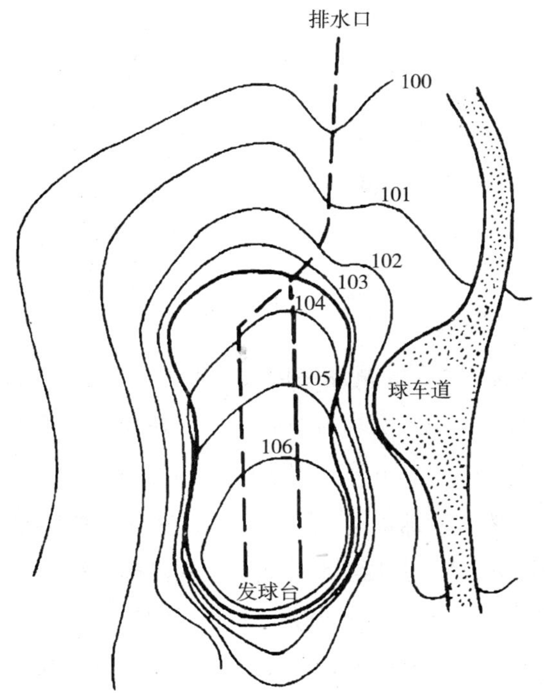

图 4—17　发球台排水管道的布设方式（引自 James B Beard，1982）

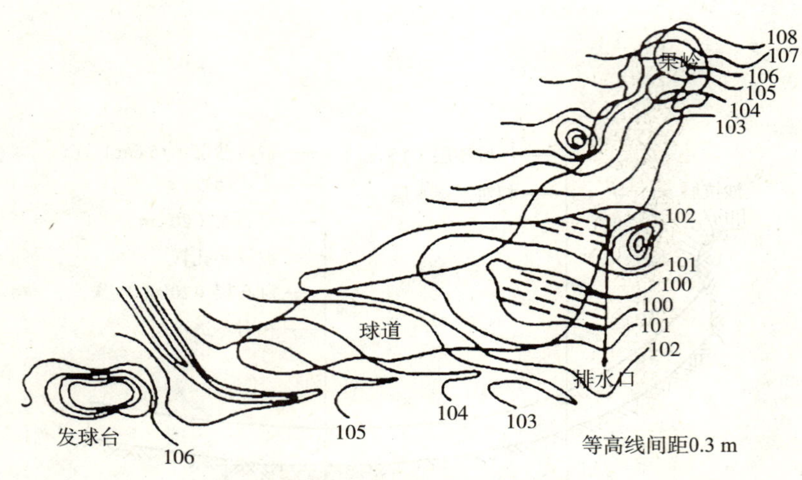

图 4—18　球道地下排水系统示意图（引自 James B Beard，1982）

（4）高草区地下排水系统的设置　一般来说，高草区不需要大面积安装地下排水系统，而仅在需要的地方安装地下排水管道、集水井、渗水井等，以利于迅速有效地排除过多的水分，尤其是在需要排水的沙坑和球道附近。为了排除过量的水分，排水口的数量要充足，排水管道的管径也应足够大。

任务实施

在掌握了必要的理论知识之后，根据高尔夫球场草坪坪床的建造程序来完成如彩图 2、彩图 3 所示的高尔夫球场坪床的场地准备工作。

一、果岭坪床准备

1. 坪床准备和排水系统设置

目前，我国一些球场果岭所用的坪床结构设计的施工方法如下：

（1）挖排水沟　主排水沟深、宽均为 300 mm，支排水沟深、宽均为 250 mm，排水沟之间距离为 4.5 m，沟底铺 80 mm 厚的用水冲洗干净的直径为 20 mm 左右的碎石。

（2）铺设排水管　主排水沟铺置管径为 110 mm 的有孔单壁波纹管，支排水沟铺置管径为 90 mm 的有孔单壁波纹管，然后用洗净的碎石埋没排水管。

（3）铺碎石层　在排水沟上再铺置 200 mm 洁净的碎石层，并反复压实。

（4）铺防沙网　碎石层上铺细目的尼龙网布，以防其后在碎石之上铺的沙漏下去。

（5）铺河沙　在尼龙网上铺置 350～400 mm 厚的经清洗过筛的粒径为 0.25～0.5 mm 的河沙，铺沙层需多次碾压紧实。

（6）铺营养层　在沙层上部将泥炭、有机肥、土壤改良剂等掺和，制配成数厘米高的营养层。

2. 草坪栽培土的回填

要彻底清除高等植物体及其种子和砖石等杂物，必要时应对土壤进行药物处理以杀灭病虫害污染源，土壤以矿物颗粒较细、黏土含量较高的轻砂壤为佳，pH 值应接近 5～6.5，播种时土壤要干燥。在沙层上面数厘米处将泥炭等有机质均匀掺和作为坪床营养土进行回填。处理好的果岭要高出周围地区，便于表面排水，也可扩大球员的视野。同时，春初和秋末在草坪上耙去芜枝层后应覆土，填土应与原土质相同，也可填 100% 的砂土，填土量一般应比计算量高 20%。

3. 施肥

施 22 500～37 500 kg/hm^2 腐熟的有机肥和 150 kg/hm^2 磷肥或复合肥作为基肥，混入表土层中 0～15（20）cm，充分混合耙平即可。

4. 平整场地

床面要清除木本和草本植物以及石头等杂物。同时要进行平整，床土要细碎、干净、紧实，底肥要足，排灌系统要合理。一般来说在床面平坦的前提下，以形成中间高、四周低约 2% 的龟背式排水坡度为佳。如果坡度超过 7%，会影响训练和比赛。有时可设置地表沙槽排水系统、地下盲沟鼠道式或地下排水管式排水系统。

二、其他部位坪床准备

1. 发球台坪床准备

目前国内高尔夫球场发球台坪床结构绝大多数采用如下结构：最上面为 20 cm 沙壤土，其下是原土壤层，在原土壤层中设有排水管道。

其他工作与果岭坪床准备工作相同。

2. 球道坪床准备

球道坪床建造的主要步骤有：测量放线与标桩、场地清理、表土堆积、场地粗造型、排水系统与灌溉系统的安装、坪床土壤改良、场地细平整等。除排水系统与灌溉系统设置外，坪床其他工作具体步骤与果岭坪床准备工作相同。

3. 高草区坪床准备

高草区草坪的坪床标准较球道低，对草坪质量要求不高，可以适当减少改良材料的投入量。高草区草坪的建植步骤中坪床清理、土壤酸碱度的调整、基肥的施入和坪床表面的细平整工作等均与球道坪床准备相同。

4. 沙坑和草坑坪床准备

沙坑坪床准备工作中，除边唇建造外，其他工作与果岭坪床准备工作相同。边唇建造

工作参照本课题中相关内容。

三、高尔夫球场灌溉系统及排水系统的设置

高尔夫球场灌溉系统及排水系统的设计可参考本课题中相关内容。

评分标准

序号	考核内容	具体要求	评分标准	得分
1	USGA 果岭的构造	正确掌握 USGA 果岭的构造	10	
2	果岭坪床建造的主要步骤	正确掌握果岭坪床建造的主要步骤	10	
3	果岭根际层改良物质	正确掌握果岭根际层改良物质选择的原则及注意事项	10	
4	发球台坪床结构的种类及建造主要步骤	正确掌握发球台坪床结构的 3 种类型及适用范围，掌握发球台建造的具体步骤	10	
5	球道、高草区、沙坑和草坑坪床准备	正确掌握球道、高草区、沙坑和草坑坪床准备的具体步骤	10	
6	高尔夫球场喷灌系统中管道、系统管网的设计及喷头的布置	正确掌握高尔夫球场喷灌系统中管道、系统管网的设计及喷头的布置	30	
7	高尔夫球场地下暗管、地下渗沟、土壤基层排水的施工	正确掌握高尔夫球场地下暗管、地下渗沟、土壤基层排水的施工方法	20	
合计得分				

思考与练习

1. 在高尔夫球场中，USGA 果岭的构造如何？
2. USGA 果岭中对沙子和土壤有何要求？
3. 高尔夫球场中果岭坪床建造的主要步骤包括哪些？需要注意哪些问题？
4. 高尔夫球场中，果岭根际层改良物质是如何进行选择的？
5. 高尔夫球场中，发球台坪床结构包括哪些种类？各适用于哪些范围？
6. 高尔夫球场中，发球台建造主要包括哪些步骤？需要注意哪些问题？
7. 高尔夫球场中，球道、高草区、沙坑坪床是如何进行准备的？
8. 喷灌系统中管道、系统管网的设计及喷头的布置情况如何？
9. 结合实际情况，谈谈高尔夫球场中地下暗管、地下渗沟、土壤基层排水的设置情况。

课题二

高尔夫球场草种选择

任务目标

◇掌握高尔夫球场果岭草坪的特点及草种选择方法

◇掌握高尔夫球场其他部位常见草坪草种配方

任务提出

如彩图 4、彩图 5、图 4—19、图 4—20 所示为已经建成的高尔夫球场示意图。现要求根据所学知识对高尔夫球场草坪进行建植，并能根据当地条件选择适宜的草坪草种和草种配比。

图 4—19　正在修剪的高尔夫球场

图 4—20　正在进行比赛的高尔夫球场

任务分析

完成高尔夫球场草坪草种的选择，需要搞清楚果岭草坪、发球台草坪、球道草坪、高草区草坪及沙坑和草坑草坪的质量标准及草坪草种的选择。

相关知识

一、高尔夫球场果岭草坪草种的选择

果岭是高尔夫球场的灵魂，果岭草坪是草坪中质量最高的一类。设计良好的 18 球洞

高尔夫球场的推杆果岭的总面积（不包括附属区域，如果岭环、果岭周边及沙坑等，占地约 930～1 860 m^2）为 0.8～1.2 hm^2。

1. 果岭草坪质量标准及球速测定

果岭草坪质量标准包括均一性、光滑性和球速、韧性、弹性、耐低剪性及不易形成草丛。果岭草坪要保证高尔夫球在其表面平滑自然地滚动。有经验的球手可根据果岭草的颜色、长势和脚感来决定自己推球力度的大小。果岭的球速测定需采用特殊的工具和规范的方法来完成。

（1）均一性　果岭草坪均一性是指草坪坪面高度一致、草种纯净无杂草、密集无裸露地、健康无病虫害斑块、施肥均匀无烧伤块、无剪伤草迹、色泽一致。

由于果岭草多在 3～6 mm 低度下修剪，草坪的各种缺陷很容易一目了然地显示出来。均一性是对果岭整体坪面和草坪质量的概括。草坪均一性受草坪的质地、密度、种类、颜色、修剪高度、养护措施等因素影响较大。

果岭草坪质地一般指草坪表面的细致程度，主要体现在茎叶上，要求茎叶密集，茎匍匐性强，叶细窄直立生长。由于草坪的目的不同，建植时选用不同质地的草坪草种是关键指标之一。

评价果岭草坪的均一性，一般采用视觉来判断。

（2）平滑性和球速　高尔夫球被推杆击打后的运动轨迹是在果岭上滚动一段距离，它可用球速或果岭速度表示。果岭速度或滚动距离主要取决于果岭平滑程度。对平滑性影响较大的因素有修剪高度、修剪频率、紧实程度和肥力水平。果岭越平滑、平顺，球速越快，代表草坪的养护水平越高。

（3）韧性　韧性对果岭承受球手的踩踏和球的冲击十分重要。人员在果岭上的走动，球对果岭的撞击，造成果岭表面的凹陷和草坪受损。穿插在土壤中的匍匐茎、根状茎、根系与表层土壤、草坪的枯草层一起形成了一个混合层，它是草坪的耐践踏和缓冲球的冲击所需的垫层。果岭的韧性能有效地减轻外力对草坪的损坏。

（4）弹性　适宜的枯草层和低矮的草坪的地面部分使草坪具有了相应的弹性。这使打向果岭的球具有相应的反弹。球的反弹力与果岭修剪高度、枯草层厚度、土壤紧实度有关。果岭修剪得越低，枯草层越少，土壤越紧实，球的反弹力就越强，球手对球的方向变性就越难把握。果岭土壤过软，球对果岭的打击点易形成凹陷，人在果岭上走动易留下脚印，使果岭的光滑性降低，对球在果岭上滚动的方向和控制力无法把握。一定的弹性能使球手对打向果岭的反弹球有相应的控制力，因此，果岭不能过硬或过软，应具有一定的弹性。

（5）耐低剪性　果岭草坪一般修剪高度为 3～6 mm，有时甚至低于 3 mm，每天修剪

1～2 次，以确保球达到快速、准确的滚动效果。尤其是大型的国际比赛，要求相对较快的球速，这就要求果岭草坪能耐低修剪。草坪草种表现为：叶片细窄，直立生长，节间短小，匍匐性强（或分蘖性强），恢复快，修剪后的果岭依然能保持绿茸茸一片。长期的低修剪会迫使草坪横向生长，易形成高密度和生长一致的草坪，有利于球手快速地确定球路和球速。

（6）不易形成草丛　由于果岭对草坪光滑性要求较高，草坪不能有草丛块，因此要求果岭草坪草匍匐性强，根状茎扩展力强，茎节短小，易形成平展的草面层。

2. 果岭草坪草种的选择

草种的正确选择是果岭草坪高质持久的重要基础。草坪草的生态适应性是所有草坪草种选择的基本原则和方法，对果岭草坪草的选择也是适用的。如南方球场选择冷季型草坪草，在炎热的夏季存在着越夏难的问题。一些球场将 Tif419 杂交狗牙根草用于果岭，即使加大管理力度和投入，也无法达到果岭草坪质量的要求。适于果岭的草种应具有如下特性：①低矮、匍匐生长习性和直立的叶；②能耐 3 mm 的低剪；③茎密度高；④叶质地精细，叶片窄；⑤均一；⑥抗性强；⑦耐践踏；⑧恢复力强；⑨无草丛。

我国长江以南地区多选择杂交狗牙根（天堂草）系列草种，即采用矮生天堂草和天堂草 328。天堂草 328 草坪草是普通狗牙根和非洲狗牙根杂交后子代中分离的杂交种。矮生天堂草是天堂草 328 的变种。两种草坪草品系具有许多相似的特性，除保持狗牙根原有的一些优良性状外，还具有叶色浓绿、茎节短、叶细质地佳、耐低剪、耐践踏、恢复能力强、抗旱和耐热等优点，极适合用作南方果岭草种。近几年，在南方地区也有很多球场用海滨雀稗（夏威夷草）和杂交狗牙根老鹰草作为果岭草种。

北方寒冷地区、海拔较高的温暖地区、潮湿和过渡气候带，用作果岭草种的有匍匐翦股颖和匍匐紫羊茅等，但最普遍使用的仅有匍匐翦股颖，匍匐紫羊茅在北欧一些国家应用较广。匍匐翦股颖质地细软、稠密、匍匐茎强壮、扩展性好，生长低矮，耐低剪、耐践踏，须根系，对土壤适应性较广，易形成芜枝层，适宜的 pH 值为 5.5～6.5，抗盐和抗淹。匍匐翦股颖草种有许多栽培品种，常用于果岭的有 Penncross、Putter、Penneagle、Cato、SR1091、PennA-1、PennA-4、SR1020 等。

在热带和亚热带的冬季，常用多年生黑麦草、紫羊茅、粗茎早熟禾等作为果岭的交播草种。用于果岭的冷、暖季型草坪草特性见表 4—1。

表 4—1 用于果岭的冷、暖季型草坪草的特性

中文名	矮生天堂草	天堂草 328	匍匐翦股颖	匍匐紫羊茅
英文名	Tifdwarf	Tifgreen	Creeping Bentgrass	Creeping Redfescue
繁殖方式	匍匐茎、根状茎	匍匐茎、根状茎	种子或匍匐茎	种子
伸展习性	匍匐茎、根状茎	匍匐茎、根状茎	强匍匐茎	匍匐或短根状茎
叶质	很细	细	细	很细
叶色	墨绿	深绿	绿	深绿
茎密度	极细短、密度大	细短、密度大	最高	高
土壤类型	排水良好、沙质	排水良好、沙质	沙质、潮湿、肥沃	排水良好、贫瘠土壤
成坪速度	很慢	慢	中等	中～快
恢复能力	强	强	强	差～一般
耐践踏性	好～优	好～优	一般	一般
耐寒性	差，低温变紫红色	差，低温变棕黄色	强	强
耐热性	强	强	一般	一般
耐干旱	好	好	差	很好
耐阴性	差	差	一般	优
耐盐碱	好	好	最好	差
耐覆盖	好	好	优	一般
管理水平	高	中	高	低～中
需肥性	高	高	最高	低
修剪高度	2.8～6 mm	4～6 mm	3～5 mm	6～10 mm
结籽性	无	很少	好	好
枯草层	高	高	高	中
病害潜在性	高	高	高	中
线虫危害	严重	严重	一般	一般
虫害	严重	严重	一般	一般

二、高尔夫球场发球台草坪草种的选择

1. 发球台草坪质量标准

一个高质量的具有良好运动性能的发球台草坪应具有以下特性：

（1）坪面平整光滑　平整光滑对发球台草坪而言是至关重要的，因为只有平整光滑的草坪坪面才能为球手提供一个稳固平坦的站位，使球手在发球台上能自如地舒展开球姿势，击出理想的球。如果草坪坪面凸凹不平，不仅会使球手感觉不适，难以舒适站位，而且会为发球台草坪的养护带来不利影响。

（2）坪面具有一定的硬实程度　如果发球台的草坪坪面过于蓬松，不仅会影响球手开球时的稳固站位，而且还会使草坪由于受到球杆的击打而容易产生严重的草皮痕问题，大大降低草坪质量。

（3）坪台具有一定的密度　草坪保持一定的密度可保证适当的叶面积和制造足够的碳水化合物，这样可以形成更加强健的草皮，使开球时形成的草皮痕得以迅速恢复，减轻草皮痕的危害，同时还可以增强草坪对践踏和磨损的抵抗能力。

（4）坪面具有均一性　发球台草坪在颜色、质地、修剪高度上应保持均匀、一致，既没有裸露的区域，也没有杂草生长，草坪外观整洁，让人赏心悦目，同时可提供质量良好的运动条件。

（5）坪面具有一定的弹性　为了使球座易于插入土壤，发球台的表层土壤需要具有良好的弹性，过于硬实的根系层不利于球座的插入，因此，发球台草坪应具有一定厚度的根系层和相当的弹性。如果坪床根系层土壤是以质地相对粗糙的沙子为主，则草坪具有良好的弹性，而在干燥、紧实的黏性土壤上，草坪土壤弹性差，球座很难插入。

（6）草坪能耐适当的低修剪　发球台草坪的修剪高度介于果岭和球道之间，一般为1～2.5 cm，其草坪高度应以球放在球座上时离开草尖为宜，即球的周围没有叶片的围绕，以免妨碍击球。

2. 发球台草坪草种的选择

因地制宜地选择适宜的草坪草种是获得高质量发球台草坪的基础和关键。如果草种选择不当，不仅会影响草坪质量，还会增加球场养护费用。

（1）选择原则　发球台草坪草种首先要能抵抗当地不良气候、不良土壤条件、病虫害等不利的环境条件。同时，作为球场内具有特殊利用目的的发球台，其草坪草种还应具有以下特性：

1）具有快速恢复能力。发球台是球手进行开球的区域，其草坪经常会被球杆铲掉，产生草皮痕，同时由于面积有限，发球台还会受到过度践踏。因此，要求所选择的发球台草坪草种应具有旺盛的生命力和快速恢复能力，能够尽快将因挥杆产生的草皮痕及由于过度践踏造成的草坪损伤恢复到正常状态，使草坪始终保持较高的质量。

2）能适应较低的修剪高度。发球台草坪的修剪高度为1～2.5 cm，因此要求所选择的草坪草种必须能够适应1～2.5 cm的修剪高度。要求在这样的修剪高度下，不仅能形成整齐优美的草坪，而且能旺盛生长，能抵抗各种不良的环境条件，具有受到损伤后迅速恢复的能力。

3）能形成质地致密平坦的草坪面。为了能够为球手提供稳定、平衡的站立开球姿势，要求发球台草坪要密实、平坦，不过度蓬松。这就要求所选择的草坪草种能形成根系丰

富、坪面致密、具有一定弹性的草坪。

4）耐践踏、抗击打。发球台是球场中践踏强度大、践踏区域集中的地方，同时，由于球手大力挥杆击球，造成草坪草经常被球杆铲掉而形成严重的草皮痕，甚至会因此而不得不进行发球台草坪的重建。因此，要求发球台草坪草种耐践踏能力强，同时具有抗击打特性，生长旺盛，根系粗壮，根量丰富，具有充足的能量储备，当草坪草被铲掉后，能从生长点迅速萌发出新的枝条，恢复草坪质量。一般冷季型草坪草极少采用一个品种的单播方式建坪，多采用混播或混合播种，以使草坪适应复杂的环境条件，增强草坪的整体抗逆性。

（2）发球台草坪草种的选择

1）冷季型草坪草。常用的冷季型草坪草的混播组合有：100%草地早熟禾（3～4个品种），播种量为12～15 g/m^2；90%草地早熟禾（3～4个品种）+10%多年生黑麦草（1～2个品种），播种量为15～20 g/m^2；70%草地早熟禾（3～4个品种）+30%紫羊茅（2～3个品种），播种量为12～15 g/m^2；100%匍匐翦股颖（1～2个品种），播种量为5～8 g/m^2；100%紫羊茅（3～4个品种），播种量为12～15 g/m^2。

2）暖季型草坪草。在发球台应用最广泛的暖季型草坪草种是狗牙根，其杂交品种中的Tifway、Midway、Midron、Ormond以及SantaAna等都是暖湿地区发球台草坪常使用的品种。其中，Tifway（Tif419）是比较理想的发球台草坪草种，因其修剪高度较低，茎叶密度大，受到损伤后恢复快，在南方及过渡带地区应用很普遍。Midron是狗牙根杂交品种中耐寒能力非常强的一个品种，在气温较低时仍能继续生长，可形成强壮、致密、极耐践踏的草坪，是过渡气候区非常适宜的发球台草坪草种。

结缕草是北方地区和气候过渡区发球台常使用的草坪草种。可用于发球台草坪的品种有Meyer、Emerald、Midwest、青岛结缕草、兰引Ⅲ号等。其中Meyer品种在暖季型草坪草中耐低温、耐阴性均较强，能通过强壮的根系和发达的匍匐茎形成极其致密、极耐践踏性的草坪。但由于结缕草质地粗糙，色泽不理想，根茎和匍匐茎生长速度慢，对草皮痕的恢复能力较差，而且绿色期较短，成坪速度慢，因而在一定程度上限制了其应用。

由于暖季型草坪草侵占性强，草种之间共容性较差，因此一般采用单播的方式建植发球台草坪。

三、高尔夫球场球道草坪草种的选择

1. 球道草坪质量标准

球道作为连接发球台和果岭的中间过渡击球草坪区域，不仅应具有优美的坪观质量，创造出良好的球场景观效果，更要符合球道击球所要求的运动标准。高质量的球道草坪应

具备如下特点：

（1）**适宜的修剪高度** 球道最佳的修剪高度在 2 cm 以下，但可因所选用的草坪草种、坪床土壤、气候、球道养护管理费用以及球员喜好的不同而有一定的变化，一般要求球道草坪的修剪高度为 1.5～2.5 cm。

（2）**草坪坪面具有较高的密度** 高密度的草坪才能使球在草面上处于一个较好的球位，利于球手击打。由于球易隐于草坪中，稀疏甚至裸地的草坪，不利于击打，增加了球道所不应有的打球难度。

（3）**草坪坪面均一、光滑** 坪面具有均一性和光滑性，球手在整个球道上能准确掌握击球方式和力度，不致因球道草坪坪面的差异过大，影响球手的准确击球。

（4）**草垫层厚度适中** 草垫层过厚会使坪面变得蓬松，容易在击球时因球杆的铲击而在草坪上产生大块的草皮痕，也不利于球手的平稳站位，同时过厚的草垫层会影响草坪草根系的生长。但草垫层太薄的草坪面也不理想，难以使草坪具有相当的弹性。

2. 球道草坪草种的选择原则

球道草坪是高尔夫球场草坪的主体，面积广大，管理水平高于高草区，低于果岭和发球台。适于在球道种植的草坪草种很多，正确地选择适宜的球道草种是整个球场草坪建植成功的重要因素。

选择球道草坪草种及品种时，首先，要考虑草种的适应性和抗性，所选草种必须能够适应种植地的气候和土壤条件，具有抵抗当地主要病虫害及其他不良环境条件的能力。其次，要考虑日后投入的管理费用和草坪的养护水平，因为草坪建成后，随之而来的是需要投入大量的资金进行养护管理，而不同的草种所要求的养护管理水平差别较大，由于球道在球场中占地面积较大，要维持较高的养护管理水平需要投入大量的资金，如无法保证资金的投入，则应选择虽然坪观质量稍差，但较耐粗放管理的草坪草。最后，还要考虑到草坪草的使用特性。

由于球道功能的特殊性，球道草坪草种及品种应具有下列特性：

（1）茎叶密度高，能够形成致密的草坪。高的茎叶密度，可将球支撑在茎叶的顶部，使球手有合适的击球点，有助于球手较好地控制击球。高密度的草坪还能有效地防止杂草的入侵。

（2）耐低修剪，能够适应球道 1.5～2.5 cm 的草坪修剪高度。

（3）垂直生长速度慢，形成的枯草层少。容易产生枯草层的草坪草会对日后草坪养护管理带来较多的麻烦，如需频繁的表层覆沙、打孔或划破草皮等。

（4）损伤后恢复迅速。球道尤其是落球区，因频繁的击球会产生大量的草皮痕，要求草坪草具有快速的恢复能力，能使草皮痕或其他损伤尽快修复。

（5）对践踏和土壤紧实的抗性强。球道会频繁受到人为践踏、机械碾压，造成土壤紧实和对草坪的践踏胁迫，要求草坪耐践踏，具有抵抗土壤紧实的特性。

（6）草坪坪观质量好。球道作为高尔夫球场的重要景观区域，要求草坪生长整齐、均一，质地细致，叶色优美，坪观质量高。

3. 球道适宜的草坪草种

基于上述考虑因素及对草坪草的要求，不同地区不同球场的球道所选择的草坪草种也不尽相同。大体上，用于高尔夫球道的草坪草种主要有以下几种：

（1）**草地早熟禾** 草地早熟禾是在我国北方及其他冷凉气候区球道上使用最为广泛的一个草种。它可通过地下根茎形成具有一定弹性和密度、满足球道要求的草坪，且具有较好的耐践踏性、抗寒性、抗旱性、耐低修剪性和快速恢复能力，叶片质地较细，叶色深绿，抗病性中等，在施肥量、喷灌水平、控制枯草层积累的措施等方面都比匍匐翦股颖草坪低。因此，草地早熟禾在低到中高水平的管理下，可形成致密、浓绿，具有较好击球特性的球道草坪。

以草地早熟禾建植球道，一般采用种子播种的方式，既可以选用草地早熟禾的 2～4 个品种进行混合播种，也可以以草地早熟禾为建坪草种，与多年生黑麦草进行混播（混播比例不能高于 10%，高质量的球道一般只用草地早熟禾），而在冷湿气候区的北部，可将草地早熟禾与细叶羊茅类草坪草，如紫羊茅、硬羊茅、邱氏羊茅等进行混播。

草地早熟禾是目前冷季型草坪草中使用最为广泛的一个草坪草种，因此其培育的品种较多，常用于球道上的品种有 Bluemoon、Unique、Conni、Opal、Haga、Midnight、Freedom、Nuglade、Rugby Ⅱ、Impact、Blueehip、Blue star、Merit、Nassue 等。

（2）**匍匐翦股颖** 对于管理水平较高、投入管理资金较大的球场，选择匍匐翦股颖作为球道草坪草是比较适宜的。它的生长特性及培育特点完全满足球道草坪的要求，但需要较高水平的养护管理，在沙质坪床和高水平的养护下，如频繁的喷灌、修剪、表层覆沙等，匍匐翦股颖可形成非常致密、低矮、理想的球道草坪。因叶片质地纤细、柔嫩，其耐践踏性不及草地早熟禾。细弱翦股颖偶尔与匍匐翦股颖混播在球道上。

匍匐翦股颖常用于球道上的品种有 Penncross、PennA-1、PennA-4、Cato、Seaside、Penneagle、Washington、Putter、Cobra、SR1020、Prominent、Pennway 等。其中混合品种 Pennway 在球道中表现良好，色泽均匀、优美，质地细致，所要求的管理水平相对较低。

（3）**细叶羊茅类** 细叶羊茅类草坪草主要包括紫羊茅、硬羊茅、邱氏羊茅等草种，适于在冷凉气候区建植球道草坪，叶片质地细，抗旱性强，垂直生长速度慢，管理较为粗放，也常与草地早熟禾混播建植球道草坪。

（4）**多年生黑麦草** 适宜寒冷潮湿地区、云贵高原等地区种植，在加拿大东部、北欧等冬季寒冷、积雪覆盖地区的应用较为普遍。

（5）**杂交狗牙根** 杂交狗牙根由普通狗牙根与非洲狗牙根杂交而成，在我国南方高尔夫球场的球道草坪上广泛应用，适于球道草坪的品种有 Tifway、Tiflawn、T-419、Tifgreen、Snata Am、Midway、Sunturf、Cope、Textuff、Sunde-1 等。这些品种多采用营养繁殖方式建坪，具有质地细致、色泽深绿、耐低修剪、耐磨损、抗热及恢复能力强等特点，在频繁的低修剪下，可以形成致密、均一的草坪面，但枯草层积累问题较为突出。与普通狗牙根相比，对施肥、喷灌等管理水平的要求都比较高。耐阴性、抗旱性、抗病虫害能力都没有普通狗牙根强。

（6）**普通狗牙根** 普通狗牙根在耐低修剪、高密度、质地细致等方面均不及杂交狗牙根，因其较强的抗旱性和抗病虫害能力、较少的枯草层积累、耐粗放管理等特性，也常用于温暖地区的球道草坪，尤其是要求养护管理水平不太高的球场。

普通狗牙根的品种如 NuMexSahara、Sonesta 等可用种子播种建坪，耐旱性强。Midlawn、Vamont 等多以营养繁殖方式建坪，耐寒性强，可用于过渡带的北部地区。FloraTex 只能以营养繁殖方式建坪，耐旱性强，在施氮量较少的土壤上生长良好。

（7）**结缕草** 结缕草种中，常用于球道草坪中的有日本结缕草、沟叶结缕草和细叶结缕草等。日本结缕草由于极强的抗逆性、耐践踏、耐磨损、适于粗放管理等优点，在我国北方和过渡区的球道中应用很广泛，但其草坪叶片质地粗糙、颜色较差、绿色期短、成坪速度慢、损伤后恢复慢等缺点，在一定程度上限制了它的使用。此外，如施氮量较高时，枯草层积累问题也比较突出。

日本结缕草可用种子播种建坪，也可用营养繁殖方式建坪。如用种子播种建坪，其种子需经过处理，否则发芽率极低。某些改良的日本结缕草品种如 Meyer、Emerald 和 Belair 等在草坪质地和草坪颜色等方面有明显的改进，可以适于球道草坪的要求。其中 Emerald 是日本结缕草和细叶结缕草的杂交种，质地较细，色泽良好。Meyer 质地中等，耐寒性较强。

沟叶结缕草和细叶结缕草适于暖湿气候区、热带气候区和过渡气候区。二者均以营养繁殖方式建坪，在频繁的低修剪下，可形成质地细致、茎叶稠密、色泽良好、适于球道要求的草坪。相比之下，细叶结缕草叶片更细、质地更佳，但耐寒性不及沟叶结缕草。沟叶结缕草的特性介于日本结缕草和细叶结缕草之间。

（8）**海滨雀稗** 海滨雀稗被认为是目前最耐盐的草种之一。根茎粗壮、密集，根系深，抗旱能力强，耐水淹。只能以营养繁殖方式建植草坪，建植速度快，在 1～1.5 cm 的低修剪下，可形成致密、优质的球道草坪。适应的土壤范围很广，特别适合于海滨地区和其他受盐碱胁迫的土壤。目前可在球道中应用的品种有：Adalayd、Futurf、Tropic Shore、FSP-1、FSP-2、Salam 等。

一般来说，冷季型草坪草中除匍匐翦股颖外，其他草坪草建植球道时多采用 2～3 个草种混播，以提高草坪整体的抗逆性。有时为使草坪表面均一整齐，而使用单一的冷季型草坪草种建植时，也通常选择 2～3 个品种进行混合播种。但暖季型草坪草通常采用单一草种或品种建植球道，一般很少采用种间或品种间混合种植，因为暖季型草坪草匍匐茎生长旺盛，种间的共容性较差。

四、高尔夫球场高草区草坪草种的选择

高草区草坪面积大，草坪养护管理较为粗放，且要保证对球手的过失击球具有一定的处罚性。因此，其草坪草种的选择及草坪建植方法与球道有所不同。

1. 高草区草坪草种的选择原则

高草区草坪管理相对粗放，要求所选择的草坪草种除了适应当地的气候、土壤条件，具有抵抗当地病虫害的能力外，还应具备以下特点：

（1）耐粗放管理，对水、肥要求不高，尤其要耐旱，具有在干旱胁迫下能正常生长的能力。

（2）适于 4～10 cm 的修剪高度，生长低矮，修剪频率低。

（3）出苗快、成坪快，保持水土能力强。高草区一般具有较大的起伏造型，易造成水土流失，因此不仅要求草坪能快速定植，还要求草种具有较深和较丰富的根系，起到有效保持水土的作用。

由此可见，高草区的草坪草在使用特性方面的要求与球道草坪差异很大，主要是要求在耐粗放管理、水土保持能力方面具有良好的特性。

2. 高草区适宜的草坪草种

（1）冷季型草坪草　草地早熟禾、多年生黑麦草、高羊茅、草地羊茅等都是高草区内经常使用的冷季型草坪草。其中，高羊茅、多年生黑麦草、草地羊茅都有耐粗放管理、成坪速度快等特点，不需要较高的养护水平就可维持生长良好的草坪。

1）高羊茅。是冷季型草坪草中最耐热的草坪草种之一，最佳修剪高度一般在 4 cm 以上。根系深，耐旱性强，对水肥的要求不高，耐粗放管理。但管理不当时，容易产生成丛现象。尽管较耐践踏，但受到破坏时，恢复较慢。高草区适宜的高羊茅品种有：Wrangler、Finelawn、Arid、Houndog、Houndog 5、Cochise、Bonsai、Eldorado、Safari、Pixie、Vegas、Barlexas、Crossfire Ⅱ、Mini-Mus-tang、Watersaver、Wolfpack 等。

2）多年生黑麦草。在适宜的条件下出苗快、成坪快、与其他冷季型草坪草混播的共容性好。因使用年限较短，一般不用于单播建坪，主要用于混播中的先锋草种。用于高草区时，应注意选择具有低矮生长习性、耐粗放管理的品种，如 Taya、Premier、Pinnacle、Cutter、Figaro、Panther、Barcelona、Pkn 等。

3）草地早熟禾。大多数品种需中等以上的管理水平，因此在高草区中应用较少，但也有部分品种具有低矮生长习性、耐粗放管理的特性，如 Baron、Bartitia、Rugby、Newport、Nassau、Merit、Newport、Kenblue 等。

在有些地区，当地的野生草种也可以作为高草区的草坪草，如野生冰草、麦冬、苔草等，这些草种对当地气候、土壤条件非常适应，极耐粗放管理，经过适当的养护管理即可成为较适宜的高草区草坪。

高草区的草坪由于不要求具有均一性，大多数情况下采用两个以上冷季型草坪草种的混播。如草地早熟禾 + 高羊茅；草地早熟禾 + 高羊茅 + 多年生黑麦草；高羊茅 + 多年生黑麦草；高羊茅 + 细叶羊茅类等。

（2）**暖季型草坪草**　普通狗牙根、假俭草、地毯草、巴哈雀稗、钝叶草、结缕草、沟叶结缕草和野牛草是常使用的高草区草坪草，其中尤以种子繁殖的普通狗牙根使用最为普遍，它具有耐炎热、耐干旱、耐粗放管理等优点，较适于高草区草坪的要求。

暖季型草坪草一般不用于混播。野牛草、结缕草也常用于北方地区球场的高草区中。

五、草坑草种的选择

草坑使用的草坪草种与高草区相同。

任务实施

如彩图 4 所示为东江明珠国际高尔夫球场，果岭草坪草种主要选择暖季型草坪草种中矮生天堂草（Tifdwarf）和天堂草 328（Tifgreen），或以海滨雀稗（夏威夷草）和杂交狗牙根老鹰草（Tifeagle）作为果岭草种。发球台主要选择暖季型草坪草种中狗牙根的杂交品种 Tifway（Tif419）。球道草种主要选择杂交狗牙根的 T-328、T-419、Tifway、Tiflawn 等品种，或普通狗牙根的 NuMexSahara、Sonesta、Midlawn、Vamont 等品种，或某些改良的日本结缕草的 Meyer、Emerald 和 Belair 等品种，或沟叶结缕草和细叶结缕草，或海滨雀稗的 Adalayd、Futurf、Tropic Shore、FSP-1、FSP-2、Salam 等品种。普通狗牙根、假俭草、地毯草、巴哈雀稗、钝叶草、结缕草、沟叶结缕草和野牛草均可以作为高草区草坪草来使用。

如彩图 5 所示为包头的高尔夫球场，位于北方寒冷地区，果岭草坪草种主要选择匍匐翦股颖和紫羊茅等。发球台常选择的冷季型草坪草的混播组合有100%草地早熟禾（3~4个品种）、90%草地早熟禾（3~4个品种）+10%多年生黑麦草（1~2个品种）、70%草地早熟禾（3~4个品种）+30%紫羊茅（2~3个品种）、100%匍匐翦股颖（1~2个品种）或100%紫羊茅（3~4个品种）。用于球道草坪的草种主要包括草地早熟禾中的Bluemoon、Unique、Conni、Opal、Haga、Midnight、Freedom、Nuglade、Rugby Ⅱ、Impact、Blueehip、Blue star、Merit、Nassue等品种，或匍匐翦股颖中的Penncross、PennA-1、PennA-4、Cato、Seaside、Penneagle、Washington、Putter、Cobra、SR1020、Prominent、Pennway等品种，或紫羊茅、硬羊茅、邱氏羊茅等草种，多年生黑麦草也较适宜作为球道中的草坪草种。草地早熟禾、多年生黑麦草、高羊茅、草地羊茅等都是高草区内经常使用的冷季型草坪草。

评分标准

序号	考核内容	具体要求	评分标准	得分
1	高尔夫球场果岭草坪质量标准及草坪草种的选择	正确掌握高尔夫球场果岭草坪质量标准，并能进行草坪草种的选择	30	
2	高尔夫球场发球台草坪质量标准及草坪草种的选择	正确掌握高尔夫球场发球台草坪质量标准，学会进行草坪草种的选择	20	
3	高尔夫球场球道草坪质量标准及草坪草种的选择	正确掌握高尔夫球场球道草坪质量标准，学会进行草坪草种的选择	20	
4	高尔夫球场高草区草坪草种的选择原则	正确掌握高尔夫球场高草区草坪草种的选择原则	20	
5	高尔夫球场草坑草坪草种的选择原则	正确掌握高尔夫球场草坑草坪草种的选择原则	10	
合计得分				

思考与练习

1. 高尔夫球场果岭的草坪质量标准包括哪些？
2. 对我国南方地区的高尔夫球场果岭草坪，如何进行草坪草种的选择？
3. 对我国北方地区的高尔夫球场果岭草坪，如何进行草坪草种的选择？
4. 高尔夫球场发球台的草坪质量标准包括哪些？
5. 对我国南方地区的高尔夫球场发球台草坪，如何进行草坪草种的选择？
6. 对我国北方地区的高尔夫球场发球台草坪，如何进行草坪草种的选择？

7. 高尔夫球场球道的草坪质量标准包括哪些？如何进行草坪草种的选择？
8. 对我国南方地区的高尔夫球场球道草坪，如何进行草坪草种的选择？
9. 对我国北方地区的高尔夫球场球道草坪，如何进行草坪草种的选择？
10. 高尔夫球场高草区草坪草种的选择原则是什么？
11. 对我国南、北方地区的高尔夫球场高草区草坪，如何进行草坪草种的选择？
12. 高尔夫球场草坑的草坪草种的选择原则是什么？
13. 对我国南、北方地区的高尔夫球场草坑草坪，如何进行草坪草种的选择？

课题三
高尔夫球场草坪建植

任务目标

◇掌握播种法建植高尔夫球场草坪的程序及要求
◇掌握铺草皮法建植高尔夫球场草坪的程序及要求

任务提出

如彩图 6、彩图 7、彩图 8、图 4—21 所示为一个南方地区已建成的高尔夫球场一个球洞、发球台、果岭及果岭沙坑和一个球道的示意图。现要求根据所学知识对该高尔夫球场各个部位进行建植，并能根据当地条件选择适宜的草坪建植方式。

图 4—21　高尔夫球场的一个球道

任务分析

完成高尔夫球场草坪的建植，需要搞清楚果岭草坪、发球台草坪、球道草坪、高草区草坪及沙坑和草坑草坪的播种法、铺草皮法的程序及要求。

相关知识

一、高尔夫球场果岭草坪建植

高尔夫球场的建造应在最佳草坪建植期之前完成。春末夏初最适于暖季型草坪草的种植，而冷季型草坪草在夏末秋初种植最好。有些情况例外，在黑龙江省、吉林省等比较寒冷的地区，其生长季很短，这种情况下，春末夏初是冷季型草坪草的最佳种植时间。

在果岭的根际层混合物铺设到场地之前，应将每一个果岭代表性的土样送到专业的土壤测试实验室进行分析。测试结果为种植前的土壤 pH 的调整和氮、磷、钾的施入量提供依据。如果需要，也要求分析微量元素的含量、盐含量、钠水平或硼含量。

1. 果岭及果岭环草坪建植的主要环节

果岭及果岭环草坪建植的主要环节包括：土壤化学测试—种植材料和机械的准备—土壤沉降—土壤熏蒸（按需而定）—土壤 pH 调整（按需而定）—施肥—旋耕、压实、平整—种植—滚压—覆盖（按需而定）—灌溉—草坪植后管理—验收。

（1）土壤 pH 的调整 土壤 pH 调整的大部分工作应在果岭细造型之前完成。调整材料至少应混合在 10～15 cm 深的根际层中。石灰石（主要成分碳酸钙）最常用于酸性土壤的调整，尽量采用颗粒细的材料，利于其迅速反应。白云石石灰用于缺镁的酸性土壤中，硫一般用于调整碱性很强的土壤。材料的施用量依据土壤测试的结果而定。

（2）施肥 肥料的施用量和比例应根据土壤测试的结果确定。一般而言，纯氮的施用量为 3～5 g/m^2，以氮∶磷∶钾比例为 1∶1∶1 的全价肥形式施入，而磷和钾的用量可视土样化验结果而定。所施用的氮肥中应有 50%～75% 的缓释肥，钾肥也最好使用缓释剂型。如果土壤测试表明缺少或根据以往的经验判断需要补充某种微量元素，选用的微量元素必须与全价肥同时施用。

肥料通常在种植前施入到根际层 7.5～10 cm 的土壤中。一般用施肥机械撒施在根际层表面，然后再用速度较慢的旋耕机将肥料均匀地搅拌到理想深度，有时也可辅助人工施肥。

（3）植前土壤准备 果岭的根际层表面在种植前应轻翻一下，创造一个湿润、土壤疏松的坪床。坪床准备的最后阶段需要不少工序，如反复手工翻耙和拖平等作业时要十分小心，以保护果岭的造型。另外，坪床表面应尽量平滑。

（4）种植　新建果岭草坪的种植一般有 3 种方法：种子直播法、草根茎种植法和草皮铺植法。匍匐翦股颖果岭通常用种子直播建坪，杂交狗牙根果岭通常用营养枝建坪。种子直播建坪的成本较低，并且比较简易。铺草皮法一般用在重建或修补果岭草坪时，这种方法建坪速度快，可尽量减少对球场使用的影响。

1）种子直播建坪。购买建坪所用的种子时，一定要注意检查种子的质量标签，同时检查种子的纯净度，尽量避免混入杂草种子。

常规种子的直播方法是用撒播机把种子按一定播量均匀撒播在坪床表面，播种深度为 6 mm 左右。播种后立即轻度镇压，使种子与土壤紧密接触。为确保播种完全、均匀，可将种子分成多份，从不同的方向少量多次撒播。由于匍匐翦股颖的种子非常细小，可把种子与颗粒较粗、大小均一且质量较轻的玉米屑或处理过的污泥土混合后撒播，播种尽量避免在有风的天气进行。适当的催芽处理可加快草坪草成坪的速度，满足球场建造工期的需要。另外，播种时，果岭坪床土壤应保持干燥，尽量避免播种者走过果岭时在土壤表面留下明显脚印。

使用喷播机播种可避免在果岭表面留下脚印。肥料最好在最后表面细造型之前施入土壤，而不要混合到喷播混合物中。同时，在喷播时用无纺布进行覆盖，对于保持土壤湿润和温度是一种非常有效的辅助措施。

2）草根茎种植法。对用草根茎无性繁殖的杂交狗牙根等草种来说，种植的步骤大致包括预浇水—施基肥—种植。

①预浇水。在种植前预先浇湿果岭，有利于草根茎的恢复生长，减轻人为或机械对果岭表面的挤压、破坏，有利于种植方式（点播、开浅沟等）的实施。

②施基肥。为了使新植的草能快速恢复生长，在种前施含磷较高、氮适中、钾较低的缓效肥料，用手推离心式施肥车均匀地交叉两遍撒施，以耙沙机带一网格状的铁网施耙数遍，使肥料能在 1～3 cm 表层与沙均匀混合。

③种植。将种植材料草根茎（包括根状茎、匍匐茎）种植。具体方式包括以下几种：

· 点播：草根茎从草圃取出，撕开，抖掉根部泥沙，折断成 4～6 cm 长，点插入沙土，地表露出 2～3 cm，点与点之间不必整齐排列，间距 3～4 cm，间距越小成坪越快。为避免因种植者行走踩踏土壤，取厚 3 mm，1.2 m × 2.4 m 的胶合板，2～3 人一张，将茎枝放在木板上，人蹲在木板上逐步向前种植和向前移动木板，种过的部分都被木板压平，起到了滚压作用。在人工便宜、劳动力充足、无机械化种植时常采用此法。

· 条植：取一小竹片或小木片，轻轻地在沙层上划一个小沟，宽、深各 2 cm，把撕开的草根茎放入浅沟内，再将沙轻轻地回覆，行距 4～5 cm，不宜过宽。种植时也建议采用木板保护果岭，种后果岭的表层覆沙能保持原有的光滑性。

·撒植：将草根茎充分地撕散开，撒在果岭表面，密度以少露出沙为宜。用铺沙机覆沙，覆沙厚度以不露根茎为宜，因种后浇水，覆盖的沙子层自然下沉渗入根茎间，会露出部分根茎，减少根茎水分蒸发，利于其恢复生长。

·切压法：将草根茎撒在果岭上，驾驶切压机将草切压入沙层。切压机由拖拉机加一个圆盘切刀和滚筒组成，圆盘切刀将草切压入果岭，滚筒在后随即压实。此方法操作方便，效率高。

另外也可用喷播机播种草根茎，这种方法可避免对果岭光滑表面的破坏，同时种植的速度较快，比较适用于新建的 18 洞球场的快速建植。

3）铺草皮法。在草皮非常充足、要求新建果岭在短时间内能投入使用时多采用此法。切出的草皮厚度要均一，有序地铺放在果岭上，草块或草卷之间紧密相连。如有条件，最好覆盖一层沙。采用铺草皮法建坪的最大好处是可缩短工期，且草坪质量有保证。铺植建坪的草皮要在草圃中培育，在原土上铺一层与坪床成分相同的沙床，在上面播种、养护，成坪后再铺植到果岭上。铺植后进行镇压、铺沙等措施，一周后即可达到使用标准。

（5）**覆盖**　在水源充足的情况下，果岭草坪建植时一般不覆盖，但是对于播种建坪的匍匐翦股颖果岭而言，覆盖是实现快速均一建坪的最好保护措施之一。尤其播种在土壤水分蒸发较大的沙质土壤上，覆盖显得更为重要。国内目前用无纺布作为覆盖材料，无纺布透气、透水、透光，且可多次使用。有些地方用胡麻草、小麦秆、稻草等作为覆盖材料也非常成功。

二、高尔夫球场发球台草坪建植

在发球台的坪床建造细造型完成后，应使根际层土壤有充分的时间进行沉降。可通过浇水、碾压等方法，形成一个比较稳定的坪床面。

发球台坪床建造完成后，其草坪建植主要包括坪床准备、草坪种植和幼坪养护等。

发球台草坪的种植也有种子直播与营养繁殖 2 种方式。冷季型草坪草及部分暖季型草坪草，如日本结缕草、普通狗牙根等多采用种子繁殖，对于部分只能进行营养繁殖的暖季型草坪草，可采用播茎枝、直铺草皮等方法进行建坪。

1. 种子直播

采用种子直播建坪时，最好在播种前一天将坪床浇透水，使播种时坪床土层半干半湿，但地表无积水。此时用耙子耙松表土，在土层湿润时将种子播下，可以提高发芽率和出苗率。

冷季型草坪草播种时间以春季或秋季为宜，暖季型草坪草如狗牙根、结缕草等则应在初夏气温稍高时播种。不同草种因种子粒径不同，发芽率有所差别，其播种量也有所不

同，发球台草坪草种的播种量参见表 4—2。

表 4—2　　　　　　　　　　　发球台草坪草种的播种量

草坪草种	播种量（g/m^2）
草地早熟禾	12～15
匍匐翦股颖	5～8
紫羊茅	12～15
结缕草	20～25

如采用混播方法建植草坪时，不同草种或品种的播种量应根据在混播组合中所占的比例来确定。

按照每个发球台的面积和种子的播种量，将种子分好。如为混播建坪，可根据混合比例在播种前将种子混合均匀，但如果种子粒径或千粒重差异较大，则不同草种应分别播种。

发球台面积有限，一般采用手推式播种机进行播种。由于发球台台面与周围所播种的草坪草种不同，因此播种时要特别小心，防止操作不慎将发球台草坪草的种子播到外围区域而成为杂草，造成草坪质量下降。为防止出现种子飞出发球台外的现象，播种前应对播种人员进行培训，使其熟悉播种机的操作，播种时应选择无风天气，并在待播区域外围竖上挡板，或者发球台台面最外侧 1～1.5 m 处用下落式播种机播种，内侧用旋转式播种机播种，可有效地防止种子飞出待播区域。为了保证播种均匀，应适当调整种子下落量，以确保在垂直方向上将种子至少播两遍。播种时，应尽量减少闲杂人员在发球台上的走动，以免留下过多的脚印。

播种后，可由人工用耙子将土壤轻轻地耙一遍，使种子与土壤充分混合，或者用与坪床土壤相同的材料覆盖种子，厚度为 0.5～1 cm。然后用重为 300～500 kg 的压磙对坪床进行滚压，保证种子与坪床土壤紧密结合在一起。如需要，可用农作物秸秆、草帘或无纺布覆盖坪床，以便为种子的萌发提供良好的生长环境，促进种子萌发的更快更整齐，防止因水冲而造成出苗不均，影响成坪。最后，需要对种子进行喷灌保湿，直至成坪。

2. 营养繁殖

有些暖季型草坪草需要进行营养繁殖，可通过播种茎枝或直铺草皮的方法来建植草坪。

播种茎枝时，可先将茎枝切割成 2～5 cm 长的短茎，每个短茎上至少要含有 2 个节，人工将切好的短茎均匀地撒在坪床上，用重 300～500 kg 的压磙对坪床进行滚压。然后用与坪床土壤相似的材料进行覆盖，厚度为 2～5 mm，再用压磙进行滚压，使茎枝与坪床土

壤充分接触，以利生根，同时使坪床表面光滑。最后喷水保持坪床土壤湿润，直至成坪。

此种方法适用于匍匐茎较发达的匍匐翦股颖、狗牙根等。在撒播过程中，为减少人员走动而在发球台上留下过多的脚印，可在操作区内铺几条木板或纤维板，供人员行走。

需要注意的是，播种所用的茎枝要保证新鲜、有活力，所有茎枝在采割后的 2 天内应全部撒播完毕，贮放时要注意保持适宜的温度、湿度和通风条件，发热变黄和失水变干的枝条不得用于播种，否则极易造成建坪的失败。

直铺草皮的方法主要用于发球台需要重建并且必须尽快投入使用时，这种方法成坪迅速，即铺即绿，养护管理也较为简便，但费用较高。铺植的草皮应没有杂草，所用的草种或品种应符合发球台草坪的要求。此外，待铺草皮的根层土壤与发球台根际层土壤要一致或相类似，草皮下带土厚度不能超过 1.5 cm。铺植前一天，坪床应浇透水，铺植时，草皮块应进行交错放置或进行方格式铺植，搬运草皮及进行铺植操作时动作要轻，不能撕裂或拉伸草皮，草皮边缘应完全衔接，但不能重叠。草皮铺植完毕后，在某些草皮块之间有缝隙的地方要撒土找平，保证坪面光滑平整，所用的土应与坪床土壤一致。然后用压磙对草皮进行滚压，使草皮与坪床土壤紧密结合，尽快生根。播种后要及时喷灌，保持坪床湿润直至一周后新根长出，草坪投入使用。

三、高尔夫球场球道草坪建植

球道草坪的建植也有种子直播与营养繁殖 2 种方式。大多数草坪草可采用种子直播建坪，部分只能进行营养繁殖的暖季型草坪草，可采用播茎枝、直铺草皮等方法建坪。

1. 种子直播。种植时间：对于冷季型草坪草，如草地早熟禾、匍匐翦股颖等，其种植季节最好安排在晚夏早秋或春季，相比之下，晚夏早秋更佳。而暖季型草坪草，如狗牙根、结缕草等，其种植季节最好安排在晚春和早夏，以使草坪草在夏季进行充分的生长。

种植前的准备工作：球道面积大，草坪种植所需要的时间也较长，因此在草坪种植前应做好充分的准备工作，提供足够的人力和物力条件。主要准备工作包括检查喷灌系统及运行状况、准备好充分的种子、调试播种机械使之操作正常、对人员进行培训，使之能熟练操作播种机械和掌握种植技术等。

播种方法：球道播种一般采用机械播种，播种机可为大型种子撒播机、手推式播种机及液压喷播机等。采用带有耕耘镇压器的播种机效果更好，播种后随即覆土压实，使种子与土壤充分接触，既有利于坪床表面的光滑，也节省人力和时间。液压喷播机较适宜于球道播种，它将播种、施肥、覆盖等工序一次完成，大大提高播种效率。

采用种子直播建坪时，应尽量做到播种均匀、深度适宜，种子与土壤紧密接触。球道草坪播种量及播种深度见表 4—3。

表 4—3　　球道草坪播种量及播种深度

草坪草种	播种量（g/m^2）	播种深度（mm）
草地早熟禾	12～18	5～10
匍匐翦股颖	5～7	2～5
狗牙根	15～20	5～10
结缕草	15～20	5～10

如果高草区与球道草种不同，播种球道与高草区相接处时，应使用下落式播种机。因球道面积较大，播种时，可划分成多个小区进行，且最好能在相互垂直的方向上播两遍，以保证播种均匀。

如球道坡度较大，播种后应进行覆盖，可使用无纺布、农作物秸秆等覆盖材料。若喷灌良好，水的雾化程度高，且坡度较小，喷灌不会对土壤和种子造成冲刷，可以不进行覆盖。

2. 营养繁殖。细叶结缕草、沟叶结缕草及部分狗牙根品种一般进行营养繁殖。球道中最常用的营养繁殖方法是播种茎枝法和插植法。播种茎枝法与果岭相似，只是播茎量比果岭少 20%～30%。球道进行插植时，可使用枝条插植机进行，先用枝条插植机在坪床上开沟，然后将枝条插入到 2.5～5 cm 深的沟中，最后将沟周围的土壤抚平、压实。枝条间距一般为 7～10 cm，行距为 25～45 cm。株行距越小，成坪越快。采用营养繁殖方法建坪，茎枝播种或插植后要及时灌溉，防止茎枝脱水而导致建坪失败。

因球道面积大，一般在建植时不使用铺植草皮的方法。

四、高尔夫球场高草区草坪建植

1. 种植时间

由于高草区一般地形起伏较大，草坪在种植时最好避开雨季，如在雨季种植草坪，种子及幼苗很容易受到降雨的冲刷造成出苗不均匀，影响成坪速度。一般冷季型草坪草在夏末秋初和春季种植较为适宜，暖季型草坪草则以晚春至夏初为宜。

2. 播种量

不同草种因粒径不同，播种量也有所差别（见表 4—4）。如果播种后难以保证水分供应，播种量可适当加大。

表 4—4　　高草区草坪草种播种量

草坪草种	播种量（g/m^2）
草地早熟禾	10～15
高羊茅	40～45
多年生黑麦草	30～35
紫羊茅	10～15
普通狗牙根	10～15
结缕草	20～25
野牛草	10～12
巴哈雀稗	40～45

3. 种植方法

高草区草坪的种植方法一般为种子直播法、播种茎枝法及液压喷播法。

种子直播法和播种茎枝法建植高草区草坪可参考球道草坪建植方法。液压喷播法在高草区草坪建植中比较常用，因高草区地形起伏较大，种子直播方法建坪有一定的难度，如果条件允许最好采用液压喷播法。液压喷播建植草坪可参考模块一中相关内容。

如播种在雨量较多的季节，且部分坪床有较大的坡度，播种后应进行覆盖（营养繁殖及液压喷播建坪除外），覆盖材料为无纺布、农作物秸秆、草帘等，以便为种子萌发和幼苗生长提供良好的小生态环境，加速草坪成坪。在幼苗生长到 2 cm 左右时，可于阴天或傍晚没有阳光直射时揭开覆盖物，以免因遮阳而影响幼苗生长。

五、高尔夫球场沙坑边唇草坪建植

采用铺植草皮法。操作方法为：在需要建造沙坑边唇的部位用土垫起边唇，然后自边唇向外铺植草皮，从而形成沙坑的边唇，边唇垫土时，垫土厚度要从沙坑边缘处向内渐浅。这种方法常用于球场改造过程中沙坑的重新建造，新建的球场若计划在沙坑边缘铺植草皮建坪，也可采用这一方法建造沙坑边唇。

草坑常采用铺植草皮的方式来建坪，具体方法参照球道草坪，草坪草种与高草区基本相同。

任务实施

因该高尔夫球场位于我国亚热带地区，因此，果岭部位草坪采用喷播机播种草茎的方式进行建植，发球台草坪的种植采用种子直播方式进行建植，球道草坪的种植采用种子直播建坪，球道草坪种植采用机械播种，播种机可选择大型种子撒播机、手推式播种机及液压喷播机等，在高草区草坪建植中使用液压喷播法。

评分标准

序号	考核内容	具体要求	评分标准	得分
1	高尔夫球场果岭草坪播种法、铺草皮法的程序及要求	正确掌握高尔夫球场果岭草坪播种法、铺草皮法的程序及要求	30	
2	高尔夫球场发球台草坪播种法、铺草皮法的程序及要求	正确掌握高尔夫球场发球台草坪播种法、铺草皮法的程序及要求	30	
3	高尔夫球场球道草坪播种法、营养繁殖法的程序及要求	正确掌握高尔夫球场球道草坪播种法、营养繁殖法的程序及要求	20	
4	高尔夫球场高草区草坪播种法的程序	正确掌握高尔夫球场高草区草坪播种法的程序	10	
5	高尔夫球场沙坑和草坑草坪铺草皮法的程序及要求	正确掌握高尔夫球场沙坑和草坑草坪铺草皮法的程序及要求	10	
合计得分				

思考与练习

1. 高尔夫球场果岭及果岭环草坪建植的主要环节包括哪些？
2. 高尔夫球场新建果岭草坪的种植方法包括哪些？各有什么特点？
3. 如何采用播种法、铺草皮法建植高尔夫球场果岭草坪？具体要求包括哪些？
4. 如何采用播种法、铺草皮法建植高尔夫球场发球台部位的草坪？
5. 如何采用播种法、营养繁殖法建植高尔夫球场球道部位的草坪？
6. 如何采用播种法建植高尔夫球场高草区部位的草坪？
7. 如何采用铺草皮法建植高尔夫球场沙坑和草坑部位的草坪？

课题四

高尔夫球场养护管理

任务目标

◇掌握高尔夫球场果岭草坪常规养护和特殊养护管理措施

◇掌握高尔夫球场其他部位草坪养护管理措施

◇熟悉高尔夫球场各种养护管理机具

任务提出

如图 4—22 所示为某高尔夫球场设计图和已经养护管理过的高尔夫球场发球台和部分球道示意图，现要求根据所学知识对该高尔夫球场进行养护管理。

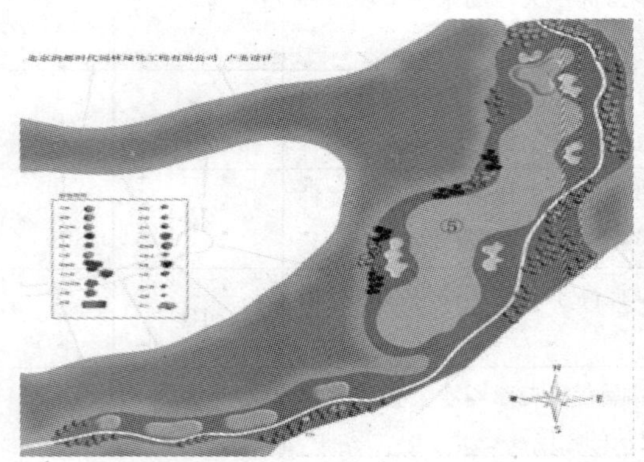

图 4—22．某高尔夫球场设计图和已经养护管理过的高尔夫球场发球台和部分球道

任务分析

高尔夫球场草坪的养护管理主要包括果岭幼坪的养护管理，果岭成坪的常规养护管理和特殊养护管理，以及其他部位草坪幼坪和成坪的养护管理。

任务实施

一、果岭草坪养护管理

1. 果岭幼坪养护管理

（1）浇水　果岭植草后浇水管理以少量多次、湿润根层为原则。在炎热的夏季或干燥的秋季，每天浇水 3～6 次不等，每次时间限制在湿润表层不形成水流即可，喷头调整成细雨雾状为宜。

（2）施肥　在草坪草新根长至 2 cm、新芽萌发 1～2 cm 时，定期 10～15 天施肥 1 次，以高氮、高磷、低钾的速效肥为主，每次施肥后注意浇水。

（3）滚压　滚压的次数视果岭紧实度和光滑度而定，每周一次较为适宜。滚压机使用动力滚压单联或三联机，能保证压力均匀，不宜采用手推人工滚筒。

（4）铺沙　果岭表面粗糙、不平滑时，宜铺沙。如果草长到可修剪的高度，铺沙前修剪更有助于沙子的沉落和拖沙时沙的均匀再分配。初期铺沙的厚度应稍厚，以覆盖根茎、露出叶片为适度。后期随着果岭光滑度加大，铺沙厚度减少，次数加多。铺沙由铺沙机完成，随后用铁拖网或棱形塑料制网或人造地毯将表面拖平。

（5）补苗　在缺草的裸露处进行补植，使果岭的草坪草覆盖加快，成坪一致，补植时最关键的还是注意水分的补充。

（6）修剪　初期修剪应在草坪的覆盖率达90%以上、苗高10～15 mm且无露水时进行。修剪高度初期控制在8～12 mm之间，以后逐步降低至需要的理想高度。修剪次数初期为每周1～2次，随着果岭草坪的形成加密到每天1次。剪下的草屑随机带走，不宜留在果岭上。剪草机采用手推式滚刀型9～11刀片剪草机或三联式剪草机，有利于保证果岭表面的平滑整齐。

（7）杂草和病虫害防治　初建的草坪极少发生病害，防治方面主要针对杂草和害虫。成坪初期，杂草发生时以人工拔除为主。虫害有黏虫、蚧壳虫、叶虱、叶蝉、草地螟、蝼蛄等，虫害防治最好是发生初期即采取措施至清除为止。

（8）其他措施

1）垂直切割。为加速杂交狗牙根等匍匐性草坪草快速成坪，用耙沙机携带一种三角形或近似三角形的滚筒式刀片垂直切割草坪，交叉切割两遍，切断贴地面生长的匍匐茎，促进侧枝多极生长、生根或分蘖，以提高覆盖率，缩短成坪时间。

2）覆盖。正常的自然温度下，冬季种植的果岭（如杂交狗牙根果岭）成坪时间比夏季要延长很多。覆盖薄膜时，注意水分的补充，中午温度过高时揭膜透气。播种后的果岭，覆盖是实现快速均一草坪的最好保护措施之一。

2. 果岭成坪养护管理

高尔夫球场果岭代表了草坪养护的最高水平。它除了草坪常规的养护技术措施外，还需要采取一系列特殊的养护措施以满足草坪的生长发育。

（1）灌溉　果岭养护中，灌溉是最严格和最困难的管理措施之一，每个果岭的灌溉应根据具体需要进行。果岭上采用的喷灌系统一般是永久性的，该系统应该覆盖果岭、果岭环以及相邻的部分。

1）灌溉的频率。频繁灌溉是果岭日常养护必不可少的工作内容。在天气炎热或气候干燥的生长季节，果岭必须天天浇水。

2）灌溉的时间。浇水时间宜在球场开放前的清晨进行。在干燥炎热的天气，可在午后将喷灌系统打开几分钟，既可给草坪冲洗降温，又可阻止叶片水分过度散失。

在我国北方地区，冬季干燥而多风，这时无论果岭是否使用，都应及时灌水或补水。冬季浇水应选在温暖的中午进行，浇水量以能使水渗入地下又不在推球面形成积水为度。球场使用地埋伸缩式喷头时，要经常进行检查。

3）灌溉量。果岭每周正常的灌溉量为25～56 mm，一般水能渗透15～20 cm即可。在一些土壤有盐碱问题的地方，应定期采用较大的灌溉量来排除草坪根际层土壤中的

盐分。

4）人工灌水。果岭灌溉多采用自动控制系统，但人工灌水是果岭草坪养护中必不可少的措施。一般利用快速补水阀门和手持型喷头进行人工灌水。对局部的干斑必须采用人工灌水，尤其是在高地或果岭的边缘上，同时结合深层打孔等措施可促进干斑的修复。

5）喷水。在夏季高温胁迫时，土壤温度超过 24℃，匍匐翦股颖等冷季型草坪草极易发生午时萎蔫，这时可及时进行灌水。当以降温为主要目的时，喷水可在上午 11 点～下午 2 点进行。如果为了缓解萎蔫症状，则喷水必须在发生萎蔫时及时进行，这种情况下，有可能每天要喷水 2～4 次。喷水的水量不必很多，只要湿润草坪草叶片即可。可用人工喷水，也可短时打开喷灌系统进行喷水。

（2）施肥

1）施肥原则。果岭需施重肥来保持其积极的长势和良好的外观。总的施肥原则是重氮肥、轻磷钾。氮肥的施用量，至少比磷、钾肥多两倍。一般情况下，春秋两季结合打孔可施全价肥，平时追肥多为氮肥。微肥应参照土壤测试结果施用。

2）施肥量。在生长季节，可能每 3 周就要施肥 1 次，但若选用缓效肥，则可减少施肥次数。在匍匐翦股颖果岭上，夏季较热时期或冬季来临前要减少氮的施用量。杂交狗牙根在生长缓慢的秋季也应减少施肥量。当夏季某些病害发生时，应限制氮肥的施用。

3）施肥方法。果岭施肥一般用肥料撒播机撒施，可结合铺沙和打孔进行施肥。施肥后应及时浇水。果岭追肥一般不用叶面肥。

4）氮肥。氮肥应少量多次施用，避免按月或不定期一次性大量施氮肥。一般来说，在草坪的正常生长季节，每隔 1～3 周施用一次氮肥。具体的施肥周期要根据氮肥的种类而定。水溶性氮肥（硫酸铵、硝酸铵和尿素等）的施用频率高，而缓效氮肥（天然有机物、脲甲酸、甲基脲、硫包衣的氮肥等）的施用频率较低。

杂交狗牙根草坪的需氮量高于匍匐翦股颖草坪。一般而言，匍匐翦股颖草坪在生长季每 10～15 天速效氮肥的用量为 0.5～1.5 g/m^2 纯氮，或者每 20～30 天缓释氮肥的用量为 1.5～3.5 g/m^2 纯氮，夏季高温胁迫时匍匐翦股颖果岭应尽量减少氮肥施用。而对杂交狗牙根草坪而言，在生长季每 10～15 天速效氮肥的用量为 1～2.5 g/m^2 纯氮，或者每 20～30 天缓释氮肥的用量为 2.5～6 g/m^2 纯氮。以上氮肥用量的上限主要用于质地较粗的沙质根际层的果岭，这样的果岭氮肥容易渗漏。施用氮肥时最好选用缓释肥。夏季氮肥用量的一个经验标准是保证每天果岭的草屑量为 0.7～1 集草袋。

5）钾肥。一般来说，钾（K_2O）的用量是氮使用量的 50%～100%，一般在春季和夏末秋初施钾肥，也可以在炎热、干旱和践踏胁迫时，每 20～30 天施入一次钾肥。比较常用的水溶性钾肥是硫酸钾（48%～53% K_2O）和氯化钾（60%～62% K_2O）。硫酸钾较好，使用时其灼伤叶的可能性较小，同时还可补充硫。在沙质土的根际层，常用包膜的缓施钾肥。

6）磷肥。每年在春季和夏末秋初以全价肥的形式施用。土壤比较黏重的老果岭往往含磷量高。对于沙含量较高的果岭，每年必须施用磷肥。如果磷不以全价肥施入，常使用过磷酸盐作为磷肥施入，磷肥最好在打孔后施入。

7）其他。在沙床果岭中较易发生缺铁症，严重影响草坪的色泽，可施用一定量的硫酸亚铁来进行弥补。土壤的 pH 通常用石灰和硫来调整。如果施入硫过量就会形成黑色难溶的“黑土层”，可采用打孔通气的方法解决，情况特别严重时，要对土壤进行更换。

（3）修剪

1）剪草机。果岭草坪必须使用专用的修剪机，即滚刀型修剪机。通常使用的有手推式果岭修剪机和坐骑式果岭修剪机 2 种。使用坐骑式果岭修剪机可提高工作效率，但其修剪效果不如手推式果岭修剪机理想。使用 9 或 11 片刀的剪草机有利于保持果岭表面平滑、整齐。

2）修剪频率。正常情况下每天修剪 1 次，最好在清晨视线可见时进行。在下列情况下可以不进行草坪修剪：①封场保养日；②铺沙过后的果岭；③连续下雨的天气（除重大比赛外）；④冬季草生长缓慢或停止生长时。

在冬季低温、草坪草生长较弱或处于休眠状态时，修剪频率要大大降低，每周 1～3 次。

3）修剪高度。一般果岭的修剪高度为 3～7.6 mm，在草坪密度有保证的情况下，修剪得越低越好。

4）修剪方式。每天修剪的第一刀应正对着旗杆，直线剪过洞杯到果岭环，调头回来稍压第一刀的边缘继续剪第二刀，直至果岭的一半剪完后，再与第一刀相反的方向将另一半果岭剪完。完成直线修剪后，绕果岭边 1～2 周，将漏剪的边缘草剪掉。无论使用何种修剪机，都要保证在推球面上是直线运动，转弯时一定要离开推球面。在最后或开始时围绕推球面剪成圆形。需注意的是，修剪果岭环时一定要提高修剪高度。

每次修剪用“米”字形交替进行。要避免在同一地点、同一方向进行多次重复修剪。

5）草屑。果岭剪草机修剪时要带草斗，便于装剪下的草屑。除施肥之外，草屑不应留在果岭上。留在果岭上的草屑，虽然能增加沙层有机物质，但其产生的枯草层、病菌、虫害、排水不畅、堵塞水分下渗等问题会影响果岭的草坪质量和使用。每天剪下的草屑随运草车运出球场，可堆积在场外腐熟后当作有机肥用于土壤改良。

6）注意事项

①修剪前应仔细检查推球面，清除异物，如树枝、石子、果壳及人员遗留物等。

②修剪前应清除草坪草叶上的露水，可用扫帚轻扫或用长绳横拖推球面的方法清除。

③修剪果岭的工作人员必须穿平底鞋，以免破坏推球面。

④修剪前必须先修复击球痕。

⑤修剪机需平稳、匀速前进，避免划伤草坪面。

⑥当果岭受雨水浸泡草层变软时，可提高修剪高度或减少修剪次数。

⑦经常检查剪草机，勿使汽、机油滴漏在草坪上。

⑧剪草机必须带集草箱作业，便于将碎草收集干净。

（4）中耕作业

1）打孔。在土壤紧实、需要根部灌药防治地下害虫时应进行打孔。打孔是解决土壤紧实的最有效方法，应在草坪草的生长季节进行。打孔管有空心、实心、中间开口 3 种。根据果岭状况，每年通常打孔 2～3 次，孔深 4.6～10.2 cm，孔径 5～15 mm 不等。

2）划草。划草是刀片垂直向下切入土表深 1.3～2.5 cm、长 5～12 cm、宽不足 3 mm，用来改变草坪通气透水性的一种作业，对果岭草坪破坏性小。每年划草的频率高于打孔，次数视天气、土壤面层状况而定。

3）切割。切割是三角形的刀片垂直向下切入草坪 5～10.2 cm 深的一种作业。它比划草的深度要深很多，每年切割的次数比打孔少 1～2 次。

4）梳草。梳草是通过高速旋转的水平轴上的刀片梳出枯草层的枯草。梳草的次数取决于枯草层形成的速度，如杂交狗牙根果岭，在每年春、秋季每 3～5 个星期可以进行轻、中度梳草，夏季进行深度梳草，冬季低温时不能实施梳草作业，否则草坪草难以恢复，极易造成草坪斑秃。

5）高压注水。高压注水是一种比较新的果岭草坪的中耕作业方法，它是利用特殊的高压注水机械将非常细的高压水柱注入草坪的根际层，起到缓解土壤紧实的作用，与打孔有非常相似的作用，注水的深度可达 15～30 cm。

（5）铺沙和滚压　铺沙是将沙子或沙肥混合物覆盖在草坪表面的一种作业。通常情况下，修剪、铺沙、滚压可依次完成。

果岭铺沙频率很高，在打孔、梳草、划草、切割等工作后都要辅助铺沙。在冬季无法做更新草坪的特殊工作时，通过少量铺沙能促进草坪草的生长。平时每 3～4 周进行一次薄而少量的铺沙，每年铺沙至少 12 次。铺沙要用铺沙机进行，铺沙厚度一般为 2～3 mm。打孔铺沙时应加大铺沙量，至少要填满孔洞。浇水后，沙子下沉，还要再铺沙 1～2 次，沙层应较厚。梳草铺沙，沙薄而少，铺完沙要用草坪刷刷梳草坪。

滚压可以使用果岭滚压机，生长季节每 10 天进行一次滚压。

（6）损伤恢复

1）补植草坪。修复果岭时应将斑秃、损毁部分整块切除，露出沙床，然后取同等面积备用草皮铺设，完成铺沙、浇水、滚压等管护后即可使用。当果岭局部因病虫害、干旱、肥害、药害、修剪漏油等原因出现草坪死亡，需要更新草坪时，用换草器取出面为正方形、垂直根部为梯形、上宽下窄的草块，再从备草区中取出大小一致的草皮，铺回果岭，覆盖上一层沙，则能很快恢复果岭原状，对果岭的使用不会造成太大的影响。

2）修补球疤。用刀子或专用修复工具（如 U 形叉）插入凹痕的边缘，首先将周围的草皮拉入凹陷区，再向上托动土壤，使凹痕表面高于推球面，再用手或脚压平即可。专用修补球疤工具呈“U”字形，尖而硬，用塑料、木头、铁、不锈钢等材料制成。

（7）有害生物防治 果岭的病虫害、杂草的防治及化学药剂的使用见本模块课题八的相关内容。

3. 暖季型果岭草坪的冬季交播

部分南方地区或过渡气候带常选择杂交狗牙根建植果岭。在秋末—冬—初春期间，杂交狗牙根进入休眠状态，为了使果岭正常使用，保持常绿状态，常于秋末在果岭上播种冷季型草坪草种，这种播种方法一般被称为交播，以提供过渡型果岭。常用的冷季型草坪草种有多年生黑麦草、一年生黑麦草、紫羊茅、粗茎早熟禾等，播种量一般为 40～50 g/m^2。

4. 果岭洞杯的更换

洞杯是一个金属或塑料状物杯。洞杯应放在果岭表面以下 20.32 cm 深处。杯口比果岭表面低 2.54 cm。新球洞的放置位置至少远离旧球洞 4.6 m 左右。

洞杯位置更换根据具体运作决定，通常人流量大时，每天移动 1 次，一般情况 2 天 1 次。人流量小时，3～4 天 1 次或间隔时间更长。新的位置尽可能远离原位置。如遇大型比赛，则根据赛会要求和规则设定洞杯位置。18 个洞中，难、易、中均匀分配。在一日的比赛中，洞杯的位置是不能改变的。

二、发球台草坪养护管理

1. 发球台幼坪养护管理

（1）喷灌 播种后，初次浇水时应浇透根际层，以后则遵循少量多次的浇水原则，保持坪床表面经常湿润，直至种子全部出苗。根据气温及空气干燥的程度，发球台幼坪每天要浇水 3～5 次，每次浇水以表面出现径流时为止，但坪床上不能形成积水，不要造成冲刷现象。水的雾化程度要高，冲击力不能太大，以免出苗不均。在幼苗出齐后，逐渐加大灌水量，减少灌水次数。如坪床上有覆盖物，要相应地减少喷灌次数。

（2）除去覆盖物 种子出苗后，覆盖物如不及时清除，会对幼苗的生长造成影响。如覆盖物为农作物秸秆，种子萌发出苗后，应将秸秆逐渐清除。如覆盖物为草帘或无纺布，

则在幼苗生长到 1.5～2 cm 时，选择在阴天或傍晚时揭开草帘或无纺布，不要在阳光强烈的中午揭开覆盖物。

（3）修剪　种子直播建坪的草坪，首次修剪最好是在幼苗干燥、叶子不发生膨胀的中午或下午进行，且不能使用过重的修剪机械，以防对幼苗造成过度碾压。剪草机的刀片要锋利。从首次修剪至其后的 4 周内，其修剪高度可为 2～3 cm，4～8 周逐渐降到 1～1.5 cm，最后达到 1 cm 左右的修剪高度标准。修剪时要遵循“1/3”修剪原则。最初几次剪下的草可以不必清理，留在坪床上的草屑有利于幼苗的匍匐茎扎入表土中生根，加速幼坪的成坪。

建坪初期，每周可修剪 2～3 次，随着草坪草的生长发育，逐渐加大剪草频率，直到与成坪的剪草频率相同，即视草坪草生长状况，每 2 天修剪 1 次。随着幼坪的逐渐成熟，剪下的草屑也越来越多，应将其清理出发球台。

（4）施肥　如果在坪床准备中施入了足够的基肥，一般在幼坪阶段不需要施肥。如需施肥，肥料撒施应在叶片完全干燥时进行，新建草坪施肥应少量多次进行，施肥后应立即浇水，防止肥料烧伤幼苗。

（5）杂草防治　如果发球台坪床在建植前进行了消毒处理，杂草问题不会很严重。有少量的杂草出现时，可采用人工拔除的方法进行防治。如要使用除草剂防除阔叶杂草时，应在种子萌发后的 6 周后使用。

（6）表层覆沙　在种子出苗 1 个月后，即可进行覆沙作业，每次覆沙厚度以 2～4 mm 为宜，最好选用质量较轻的手扶式覆沙机，所用的材料必须与坪床建造时的材料相同。

不同草坪草种的成坪时间有所不同，如果以种子直播的方法建植发球台草坪，在适宜的条件下，匍匐翦股颖的成坪时间为 10～12 周，狗牙根成坪时间为 8～10 周，草地早熟禾成坪时间为 8～10 周，而结缕草苗期生长缓慢，成坪时间较长，12～16 周才能成坪，因此苗期要注意杂草防除工作。如果以铺植草皮的方法建坪，则成坪时间相对较短，在生长条件适宜的情况下，铺植的草皮在 15～20 天即可投入使用。而以播种茎枝的方法建坪，适宜条件下，成坪时间为 30～45 天。

2. 发球台草坪养护管理

总体上说，发球台草坪的养护管理的基本原则、管理技术及措施与果岭基本类似，但也存在一定的差异。

（1）修剪

1）修剪高度。一般发球台草坪的修剪高度为 1～2.5 cm，介于果岭草坪和球道草坪之间。

2）修剪频率。发球台草坪修剪频率在生长季节内可每 2～3 天修剪 1 次。在草坪生长极其旺盛及施入氮肥后要增加修剪频率。剪草后的草屑应进行清理。

3）修剪方式与修剪操作。发球台的修剪通常采用相互垂直的两个方向进行，对于因打球所致的草皮痕也要在修剪前覆沙或修复。

（2）施肥　发球台草坪的施肥原则与果岭草坪稍有不同。为促进发球台上的草皮痕尽快恢复，需要施入较果岭更大的氮肥量。匍匐翦股颖、草地早熟禾、多年生黑麦草和结缕草发球台草坪，每年需施氮量为 15～20 g/m^2，狗牙根草坪发球台的需氮肥量较大，每年需要的施氮量为 25～50 g/m^2，在生长季节每隔 15～30 天需要施入 1 次氮肥。如果施用的是缓效氮肥，则应适当延长施肥间隔。

对于氮肥施入的季节、氮肥种类、施肥方法等，与果岭基本一致。

（3）喷灌　发球台草坪能够忍耐相对较强的干旱，喷灌量可以较少，一般也不需要在炎热的夏季对草坪进行冲洗喷灌。

如有较严重的草皮痕问题，发球台草坪需进行频繁的补播。此时，除正常的喷灌外，还需在每天中午进行轻灌，以保证种子的正常发芽和补播成功。

发球台喷灌操作和喷灌原则等参见果岭草坪管理的喷灌部分。

（4）表层覆沙　定期给发球台草坪进行表层覆沙有利于快速修复草皮痕，其覆沙量一般比果岭大，视草皮痕严重程度而定，每次覆沙量每 100 m^2 可达到 0.2～0.5 m^3，每年至少进行 1 次。对于践踏强度大和草皮痕严重的发球台，每年可进行 3～5 次的表层覆沙。

（5）中耕　发球台草坪最常用的中耕措施是打孔和划破草皮，深度为 25～30 cm 的打孔可有效改善紧实的黏土。其他的中耕措施如射水式中耕、人工刺穿草皮等，在发球台的管理中不太常用。大多数发球台每年可进行 2 次以上的打孔或划破草皮耕作，一般安排在春、秋季进行。

关于中耕的具体实施，与果岭基本一致。

（6）草皮痕的修补　发球台草坪常会出现严重的草皮痕，尤其是三杆洞的发球台、第 1 洞和第 10 洞的发球台以及练习发球台。经常变换发球台的开球标记是一项行之有效的措施。

修补草皮痕的基本方法有 2 个：一个是用土壤与种子的混合物填充草皮痕区域，另一个是在草皮痕上铺植草皮。第一种方法更为常用。

修补草皮痕所用的种子与沙子的体积比一般为 1∶9，最好使用发球台建造时所用的沙子与肥料的混合物。一般在草皮被铲掉后，及时将草皮放回原处，并立即浇水，可以使草皮痕尽快恢复。若发球台草坪草皮痕极其严重，需考虑重新铺植草坪。重新铺植时，可将发球台分为两个部分，一部分进行铺植，另一部分用于打球。一个 18 洞的高尔夫球场一般需要建立 1 000 ~ 2 500 m^2 的发球台备草区。

（7）暖季型草坪发球台冬季交播　发球台草坪的冬季交播没有果岭那样普遍，在暖湿地区的狗牙根发球台草坪上有时需要进行交播。交播最常用的草种是多年生黑麦草，播种量一般为 40 ~ 50 g/m^2。交播方法与果岭相似，只是不需要用表层覆沙来覆盖种子。

三、球道草坪养护管理

1. 球道幼坪养护管理

（1）浇水　种子直播方法建坪时，播种后需保持坪床表面湿润，浇水遵循少量多次的原则，每天进行 1 ~ 2 次的喷灌，每次浇水以地表面出现径流时为止。当播种 2 ~ 3 周后种子幼苗出齐时，可逐渐减少喷灌次数，加大每次的灌水量。播种后进行覆盖的草坪可适当减少浇水量和浇水次数。营养繁殖方法建植的草坪，必须尽快喷灌。

（2）修剪　球道幼苗生长到 5 cm 左右时要进行第一次修剪，此时修剪高度一般为 2.5 ~ 4 cm，这一修剪高度要保持 7 ~ 10 周，以后再逐渐降低修剪高度，直至达到球道草坪要求的标准修剪高度 1.5 ~ 2.5 cm。修剪频率依据“1/3”修剪原则来确定。幼坪的修剪时间宜在中午幼苗干燥时进行。

（3）施肥　球道幼坪生长到 4 ~ 5 cm 时，可进行第一次施肥，第一次施氮量为 2 ~ 3 g/m^2。以种子建坪的幼坪可以每 3 周或更长时间施入 1 次氮肥。以营养繁殖方法建成的幼坪，每隔 2 ~ 3 周施入 1 次氮肥，施氮量为 3 ~ 5 g/m^2，以促使其尽快成坪，施肥后要立即浇水。球道的幼坪阶段一般不缺乏磷肥和钾肥。

（4）杂草防除　球道幼苗使用除草剂除杂草的时间应尽量向后推迟。如早期杂草严重，可通过人工拔除。防治阔叶杂草的除草剂至少要在种子萌发后 4 周才能使用，而防治一年生杂草的有机砷类除草剂至少要在种子萌发后 6 周才能使用。除非万不得已，尽量不要在幼坪期使用除草剂。

在幼坪期，播种后 6 ~ 8 周内要禁止管理机械外的其他机械进入。在进行幼坪管理操作时，也要尽量减少对幼苗及坪床的践踏。

其他幼坪培育措施如镇压、覆沙等，球道的幼坪几乎不使用。如需要，可参照果岭幼坪管理措施。

2. 球道草坪养护管理

球道草坪面积较大，其质量要求相对果岭和发球台低，主要养护管理措施有修剪、喷灌、施肥、表层覆沙、中耕等。

（1）修剪

1）剪草机。球道面积较大，一般选用三联以上驾驶式滚筒剪草机修剪草坪，滚筒刀片一般为 5～8 个，工作幅宽为 2～4 m。

2）修剪频率和修剪高度。灌溉条件下的草坪通常每周修剪 2～5 次，球道最佳的修剪高度为 2 cm。目前最好的球道通常是每 2 天修剪 1 次，修剪高度为 1.3 cm 的匍匐翦股颖或杂交狗牙根球道。

在夏季不良环境条件下，冷季型草坪草修剪高度应提高 3～6 mm。暖季型草坪草如狗牙根，在早秋，应该停止修剪。

3）修剪时间与修剪方式。球道的修剪常在凌晨进行，修剪时草坪应比较干燥。球场举办大型赛事时，通常在傍晚进行修剪。如球道草坪必须在清晨进行修剪时，则应在修剪前将露水清除掉。

球道草坪修剪方式可分为纵向条带状和横向条带状 2 种。纵向条带状修剪指剪草机沿球道的方向进行修剪。横向条带状修剪指剪草机垂直于球道方向修剪，仅在修剪球道边缘轮廓线时顺球道方向修剪。

无论采取哪种修剪方式，每次草坪修剪时，要以与上一次修剪方向相反的方向进行，并且都要保持球道设计的轮廓线的形状。

4）修剪操作。剪草机的修剪速度以 6.5～8 km/h 为宜。修剪下的草屑视情况进行清理或留在原地。

（2）施肥

1）施肥时间。通常在春季和夏末早秋施用包含氮、磷、钾的全价肥料。如果全年只施一次复合肥最好在秋季进行。在整个生长季节里，要定期给球道草坪补充氮肥，钾肥和铁在需要时施入。

2）施肥方法。夏季，在冷季型草坪上可以用叶面喷施的方法施入氮肥，每次施入量为 0.2～0.45 g/m^2。如果草坪缺铁，可将铁与氮肥结合起来施入，也可以将含铁化合物与杀虫剂或杀菌剂混合一起，进行叶面追肥。液体肥料可以采用喷雾器和喷灌施肥的方法施入。

3）肥料种类与施量

①氮肥。氮肥的施入量因草种而异（见表 4—5）。

表 4—5　球道草坪不同草种需氮肥量一览表

草种名称	生长季节每月施氮量（g/m^2）	草种名称	生长季节每月施氮量（g/m^2）
匍匐翦股颖	1.3～2.5	草地早熟禾	1.5～3
杂交狗牙根	2～4	草地早熟禾（无灌溉条件）	1～2
普通狗牙根	1.3～2.5	海滨雀稗	1.5～3
细叶羊茅类	0.5～1.5	结缕草	1～2

在夏季炎热时期，冷季型草坪在高温胁迫下应少施或不施氮肥。当球道土壤含沙量高、养分淋溶严重，以及球场利用强度大时，应采用上述施肥量范围的上限。

冷季型球道草坪与暖季型球道草坪的氮肥施肥频率差异较大，冷季型草坪每 4～10 周施入 1 次氮肥，而暖季型草坪需 3～6 周施入 1 次氮肥。质量非常高的冷季型球道草坪可每 2～3 周施入 1 次氮肥，施氮量约为 1.3 g/m^2。

②磷、钾肥。磷肥一般每年只需要施入 1～2 次，在春季和晚夏至早秋施入，最好以复合肥的形式施入。

一般来说，钾肥的施入量为氮肥的 50%～75%，或者更高些，最适宜的施用时间为春季、晚夏至早秋的季节，在夏季草坪受到炎热和干旱胁迫时，也需要施入部分钾肥。氯化钾（含 58%～62%的 K_2O）和硫酸钾（含 48%～53%的 K_2O）是两种常用的钾肥，其中以硫酸钾更佳，因为其不易造成草坪叶片灼伤，并同时将硫元素也施入了草坪。

③铁和其他微量元素。草坪缺铁时，可施入含铁的全价肥料，或施入含铁化合物，如硫酸铁、螯合铁、硫酸亚铁铵等，可与杀虫剂或杀菌剂混合施用，进行叶片追肥。在草坪严重缺铁时，每隔 3～4 周进行 1 次叶片追肥，每次施入硫酸铁 0.3～1.2 g/m^2。

④调节土壤酸碱度。球道草坪建植前的土壤改良中已对土壤 pH 值进行了调节，对于匍匐翦股颖、草地早熟禾、细叶羊茅类草坪草，最适宜的 pH 值为 5.5～6.5，而狗牙根、结缕草最适宜的 pH 值则为 6～7。当土壤酸碱度发生变化时，施用农用石灰（$CaCO_3$）可改良酸性土壤，而施用硫磺粉可改良碱性土壤，经常施用酸性肥料，如硫酸铵等，也有助于降低土壤的 pH 值。

通常，一次性施入农用石灰石的量可以达到 120 g/m^2，含硫量为 90%的硫磺粉的一次性施入量不能超过 25 g/m^2。施入调节土壤 pH 材料的最佳时间为冬季草坪休眠期、早春、晚秋，或者草坪进行中耕打孔操作后。施用方法与施用其他肥料相同，施用后应立即浇水，以免造成草坪叶片灼伤。

（3）喷灌

1）喷灌频率。球道草坪的喷灌频率由于草坪草种与生长季节的变化从每天 1 次到每 2 周 1 次不等。如草地早熟禾，在干旱的生长季节可以每周进行 2～3 次喷灌，而匍匐翦股颖则需较高的喷灌频率，在干旱季节需要每周进行 3～5 次喷灌，甚至每天都需要进行喷灌。

2）喷灌适宜时间。球道草坪在一天内任何不影响打球的时间都可以进行喷灌，最适宜的时间为清晨。

3）喷灌量。球道草坪每次浇水应充分湿润草坪的根际层。一般情况下，球道草坪每周浇水量为 2～4 cm。球场的球道一般都设有自动喷灌系统，可将球道部分全面覆盖。但由于风力、水压的原因，喷灌系统漏浇的区域也应及时进行人工补浇。

（4）表层覆沙　球道草坪一般不进行表层覆沙措施。球道草坪根据枯草积累的情况和坪面光滑情况，有时需要进行局部表层覆沙。另外，打孔操作后，土心打碎后返回到草坪表面，在一定程度上也起到了表层覆沙的作用，可以增加坪面的光滑程度。

（5）中耕　球道草坪进行中耕措施的目的是控制球道草坪的草垫层积累和缓解土壤紧实问题。中耕措施种类与果岭大体相似，但中耕所使用的机械、耕作频率与时间都与果岭有很大差异。

1）垂直切割。在球道草坪上一般不常使用垂直切割，仅在草垫层积累严重时才进行。对于需要进行冬季交播的暖季型草坪，每年在交播时都要进行垂直切割。

2）打孔。球道草坪打孔常采用滚筒式的打孔机。打孔机一般由拖拉机牵引，作业宽度一般为 1.5～3 m，打孔锥的直径为 1.5～2.5 cm，打孔深度为 8～12 cm。

3）划破草皮。划破草皮耕作的季节和次数与打孔相似，也可与打孔耕作结合进行，解决土壤的硬实问题。

（6）暖季型草坪球道冬季交播　对于热带和亚热带湿润地区的暖季型球道草坪，如狗牙根和结缕草等，可以在球道草坪冬季休眠前实施交播措施。但球道草坪的冬季交播不及果岭那样普遍，仅在娱乐观光性球场或要求管理水平高的球场以及在举办大型比赛时进行。

球道冬季交播所使用的草种一般是多年生黑麦草和一年生黑麦草。播种量一般为 30～40 g/m^2。

（7）其他辅助管理措施

1）清除露水。可以沿球道横向拉一条软管，沿球道纵向行走，打掉草坪叶片上的露水，可以使用机器或人工进行该项工作。清晨进行少量的喷灌也可达到清除露水的目的。

2）草皮痕的修补。球道草皮痕一般在落球区较为严重，需要进行定期修补，其他区域一般不需要修补，产生的草皮痕可通过草坪草的自然生长而恢复。

3）落叶等杂物的清理。春、秋季定期清理落叶等杂物是球道一项必不可少的管理措施。对于在高草区中大量种植落叶树木的球场，清理落叶的工作尤为繁重，否则不仅影响球场景观，也会妨碍打球及草坪草的正常生长。

四、高草区草坪养护管理

1. 高草区幼坪养护管理

（1）喷灌　高草区草坪大多没有安装自动喷灌系统，在播种后需要灌溉时，最好使用移动式喷灌设备对播种后的坪床进行均匀灌溉。如无移动式喷灌设备，可采用人工灌溉。

第一次灌溉时应充分湿润根际层的土壤，在幼苗出齐前，应少量多次地进行灌溉，一般每天需要灌溉 1～2 次，保持坪床土壤表面湿润。幼苗出齐后，可逐渐减少灌溉次数，而加大每次灌溉的水量，促使草坪草根系向土壤深层生长。

（2）修剪　当幼苗生长到 6～10 cm 时，可进行第一次修剪，修剪时遵循“1/3”修剪原则，使草坪保持 4～8 cm 的修剪高度。以后的修剪时间和修剪频率也根据“1/3”修剪原则和草坪草的生长速度来确定。

（3）施肥　为促使高草区幼坪尽快成坪，应及时对幼坪进行施肥，在幼坪生长到 4～5 cm 时，需要施入氮肥，施氮量为 2～3 g/m^2，施肥后立即浇水，以免叶片灼伤。在幼坪阶段一般不需施入磷、钾肥。

播种后 6～8 周内除了必要的管理机械，其他机械禁止在高草区通行。如高草区出现杂草，尽量采用人工拔除。推迟除草剂的使用时间，至少在种子萌发后 4 周再喷施除草剂。其他幼坪管理措施如镇压、覆沙等，高草区幼坪不需要进行。

2. 高草区草坪养护管理

高草区草坪的主要管理措施有修剪、施肥、灌溉及其他管理措施（如清除落叶）等。

（1）修剪

1）初级高草区的修剪。初级高草区修剪高度变化很大，有的球场将其修剪至 2 cm，有的为 10 cm 甚至不修剪。

2）中间高草区的修剪。某些管理精细的球场，在球道和初级高草区中间保留有中间高草区，其修剪高度为 2.5～5 cm，一般每周修剪 1 次。

3）次级高草区的修剪。多数球场的次级高草区是不进行修剪的，尤其是球很难到达的区域。

4）陡坡地区的草坪修剪。高草区内的一些陡坡区域，剪草机无法操作，如果这些区域也需要修剪，可以使用割灌割草机进行修剪或使用植物生长抑制剂进行化学修剪。

（2）施肥　高草区草坪在成坪后的第一个生长季节内，要给予与球道草坪相近的施肥量。大多数球场，高草区成坪后的施肥计划是每年施入一次全价复合肥。冷季型草坪草在秋季施入，而暖季型草坪草在春季施入。对于某些不进行修剪等管理措施的次级高草区，可 2～3 年施入一次全价复合肥。

（3）灌溉　初级高草区可以定期进行少量喷灌，次级高草区一般不需灌溉。在干旱和半干旱地区，当草坪严重缺水而出现萎蔫症状时，可以进行一次性大量喷灌，充分湿润根际层土壤。

（4）杂草防除　大多数进行修剪的高草区都必须进行阔叶杂草的防治。此外，要注意采用合理的除草方式防除一些单子叶杂草。

（5）其他管理措施

1）中耕。可以根据土壤紧实情况进行打孔或划破草皮耕作，一般不需要进行表层覆沙。

2）清除落叶。一般球场在高草区内都种有较多的树木，以丰富园林景观。在秋季 4～6 周内必须将大量的树叶清除掉。清除落叶的方法可参考球道草坪管理。

3）清除杂物。应在发球台和高草区附近设置足够的垃圾箱或垃圾袋，每天进行垃圾的清理。

五、沙坑的维护与管理

耙沙是沙坑管理中首要的养护措施，通过耙沙以维护沙坑良好的击球条件。沙坑应在每次降雨和灌溉之后进行耙平。在打球强度高的周末或节假日，沙坑应每天耙 1 次。通常可采用人工耙沙和机械耙沙 2 种方式。

此外，根据需要，有必要进行沙面维护、杂草防治、换沙、沙坑定界、石块清理、沙坑风蚀的防治、植物及其他装饰物等操作。

评分标准

序号	考核内容	具体要求	评分标准	得分
1	高尔夫球场果岭草坪养护管理	正确掌握高尔夫球场果岭草坪养护管理措施	25	
2	高尔夫球场果岭草坪特殊养护管理	正确掌握高尔夫球场果岭草坪养护管理措施	20	
3	高尔夫球场发球台草坪养护管理	正确掌握高尔夫球场发球台草坪养护管理措施	20	
4	高尔夫球场球道草坪养护管理	正确掌握高尔夫球场球道草坪养护管理措施	15	
5	高尔夫球场高草区草坪养护管理	正确掌握高尔夫球场高草区草坪养护管理措施	10	
6	高尔夫球场沙坑维护与管理	正确掌握沙坑维护与管理	10	
合计得分				

思考与练习

1. 高尔夫球场果岭草坪幼坪管理措施包括哪些？

2. 高尔夫球场果岭草坪养护管理措施包括哪些？

3. 高尔夫球场果岭草坪特殊养护管理措施包括哪些?

4. 如何进行高尔夫球场暖季型果岭草坪的冬季交播?

5. 高尔夫球场发球台草坪幼坪管理措施包括哪些?

6. 高尔夫球场发球台草坪养护管理措施包括哪些?

7. 高尔夫球场球道草坪幼坪管理措施包括哪些?

8. 高尔夫球场球道草坪养护管理措施包括哪些?

9. 高尔夫球场高草区草坪养护管理措施包括哪些?

10. 如何进行高尔夫球场沙坑维护与管理?

实训四　草坪修剪

一、实训目的

草坪修剪是草坪养护中最重要的环节之一，修剪的主要目的是定期去掉草坪草枝条的顶端部分，使草坪保持平整美观，现代草坪的修剪主要通过各种剪草机来完成，因此在实训过程中要熟练掌握各种剪草机的操作。

二、材料和工具

生长良好的草坪、各式剪草机（滚刀、旋刀、手推、坐骑式等，剪草机的种类越多越好）。

三、修剪的高度、频率和修剪时间

修剪的高度视不同草种和使用的目的而定，观赏草坪、足球场草坪、高尔夫球场草坪等各有不同的要求，但基本原则是每次修剪不能超过草坪自然高度的1/3。修剪的频率也是根据不同草种和使用目的而定，比如高尔夫球场的果岭，在生长旺盛的季节1～2天就必须修剪1次，而球道2～3天修剪1次，高草区视草种情况修剪时间间隔更长。修剪时间以草坪正常生长状态下无露水的上午为最佳。

四、剪草机的调整和使用

在启动剪草机前详细阅读剪草机使用说明书，在有经验的剪草机操作员的引导下按设计的剪草高度调整刀片、检查机械状态是否正常，根据剪草机操作员的示范使用剪草机。剪草机的种类很多，但基本操作原理相近，应首先选择2～3种剪草机进行熟练操作。

五、修剪的方式

在完成剪草机的调试后，即可进行修剪作业，修剪前按草坪的使用目的设计好修剪的路线，如在足球场草坪或高尔夫球场草坪等的修剪中，需交叉纹路修剪，增加美观的效果，因此在修剪的过程中一定要使剪草机平直行走且保持相等的剪草宽度，不可漏剪。

六、注意事项

使用剪草机前一定要详细阅读使用说明书，并在熟练使用者的指导下运行，以防造成人身伤害和机械损害。剪草前要将需修剪草坪内的所有杂物（石头、树枝等）认真清除，以防止损害剪草机刀片，同时注意在修剪区内不能有闲杂人员，添加油料或摘集草斗时要关闭发动机，杜绝有违操作规程的行为。

七、综合练习

1. 学习主要剪草机械的使用和常规保养。
2. 熟练掌握不同类型草坪的修剪高度和修剪方法。

实训五　高尔夫球场草坪整地

一、实训目的

高尔夫球场是供人们运动娱乐的场所，草坪质量要求高，对整地的要求更为精细，尤其是发球台区、果岭区，因此要熟练了解和掌握。

二、材料和工具

工具：旋耕犁、平耙、铁锹、滚压器等。

材料：直径 0.5～1 cm 筛过的混合物、实验样地。

三、整地

利用推土机或平地机将坪床初步整平，再利用小型拖拉机拖动木板仔细将地拖平，拖平后用旋耕犁松土，松土深度为 10～15 cm，松土前将草炭土均匀铺洒 1～2 cm，利用旋耕犁将其均匀搅拌在土壤中。整地过程中随时清理杂物，将石头、树枝、垃圾等捡走，如果坪床土壤较差，整平后要铺 10～15 cm 的中沙，发球台和果岭则必须换土，发球台换 20 cm 厚中沙，果岭则需要换沙至 30 cm。土壤翻耕后再次反复拖平，拖平后碾压沉降，

达到设计标准后备用。

四、注意事项

高尔夫球场的整地过程是按设计等高线进行的，但基本要求是地形流畅美观，不允许出现积水。

五、综合练习

1. 认识和熟练使用常见的整地机械和工具。
2. 了解高尔夫球场草坪造型的目的和整地方法。

实训六　灌排水系统设计、安装与调试

一、实训目的

良好的灌排水系统是保证土壤中合理持水量的重要手段，只有土壤含水量合理，草坪才能正常生长，排灌系统的主要作用就是维持土壤中水分的相对平衡，整个排灌系统的安装比较复杂，实训中要认真掌握。

二、材料和工具

材料：直径 110 mm、直径 160 mm 的双壁排水波纹管及管件。直径 32 mm、63 mm、110 mm 及 160 mm 的给水 PVC 管材及相应的三通、弯头、阀门等管件及专用胶合剂、喷头、提升管等。

工具：水准仪、小型挖掘机、铁锹、刷子、毛巾等。

三、安装和调试

1. 排水管的安装调试

首先，在标示出的管线上用人工或小型挖掘机挖管沟，挖掘时严格控制管沟的深度和坡度，管沟坡度要与排水管坡度一致。管沟挖好后，对沟底坡度仔细核实，不足的要往下挖，挖深的要回填，同时夯实，直至坡度符合设计图纸要求。对沟底基础不稳定的地段要进行换土打垫层处理。安装管道时要确保管道与沟底部紧密接触，使用 PVC 管或双壁波纹管时注意接口方向和排水方向一致，接口处不能扭曲、漏水。回填时至少管顶部 15 cm 以内人工回填，回填土不可有石块、树枝、垃圾等，回填时不要使排水管产生位移，每回填 15 cm 夯实 1 次。

排水管安装填埋完毕，可分段给水，以检验是否能在规定的时间内顺利排水，是否有渗漏。如果规定时间内排水量和给水量有较大的差异，则应找出原因。

2. 给水管的安装与调试

给水管安装程序比较复杂，包括首部安装、管道安装、阀门安装、喷头安装等，需要在专业人员指导下进行。

（1）首部安装 首部安装即水源取水的泵站系统的安装，包括动力设备、水泵、过滤器、泄气阀、逆止阀、水表、压力表、变频控制器等的安装。在泵房和蓄水池建好后，在预埋的螺栓上首先安装水泵，水泵有立式和卧式 2 种，安装时注意保持水泵轴心与地面的垂直或水平，其次安装电机，电机要与水泵严格同轴，最后供电系统及变频系统则在专业人员的带领下安装，安装完毕仔细检查，确认没问题后通电调试。

（2）管道安装 管道安装前首先按设计线路开挖管沟，一般情况下，主管沟不浅于 80 cm，支管不浅于 70 cm，管沟宽度不宜过宽，一般小于管道直径加 60 cm。PVC 管道连接主要有胶合承插和密封圈承插 2 种方法，胶合承插首先处理好承插接口，利用木锉等使之平滑无毛刺，用干毛巾仔细擦拭干净，做好插入深度标记，然后用毛刷涂胶，涂胶先涂承口（大头），后涂插口（小头），涂胶要均匀、饱满且不多余，之后插入连接。连接后要静止固化一段时间方可使用。密封圈承插则比较简单，在检查密封圈无位移后，把接口擦拭干净，涂抹润滑剂后水平插入即可，承插后检查密封圈是否产生位移。

（3）阀门安装 阀门安装有法兰连接、胶合承插及活接连接等方法，连接时注意对准螺丝口，密封圈不要位移，活接连接时，螺旋口拧紧但不过度，胶合承插连接阀门的方法和胶合承插管道连接相同。

（4）喷头安装 喷头有地埋式喷头和地上摇臂喷头两大类，安装喷头前先将管道冲洗干净，之后用千秋架或提升管连接，连接时要拧紧而不过度，但要注意喷头轴线与地面垂直，地埋喷头表面高度与地面一致，以防止剪草机等机械的损伤。

整个系统完成后要进行给水试验，给水试验主要测试给水压力、喷头射程、喷头雾化程度、喷头水量，方法是分段测试，在每段安装压力表测试压力，在不同位置放置雨量桶测试水量，测试后详细记录，对比是否符合设计要求，符合设计要求后方可认为合格。

四、综合练习

1. 认识各种型号的给排水管材、管件，对泵站设备有初步了解。
2. 熟悉排水的制作安装过程。
3. 熟练掌握给水管道的连接及整体安装过程，了解系统的调试和使用。

实训七　草坪的打孔、梳草及表施细土

一、实训目的

草坪的打孔、梳草和表施细土都是提高草坪质量的辅助措施，对衰老的草坪尤其重要，三项作业可联合进行。草坪打孔主要是增加草坪土壤中的通气透水性，打断部分老根，刺激新根分蘖。梳草则可增加草坪表面的通气透光，同时清除表面杂物。表施细土可以结合施入有机肥，既提高了草坪的分蘖点，又增加了平整度，同时增加了养分，还可以将枯叶埋在土层下分解，为草坪提供养分。

二、材料和工具

材料：直径 0.5～1 mm 的中沙。

工具：草坪打孔机、梳草机和覆沙机等。

三、操作方法

1. 打孔

草坪打孔一般每年进行 1～2 次，打孔机有小型自走式和大中型拖拉机牵引式等，小型自走式打孔机主要用于高尔夫球场的果岭、发球台或面积较小的草坪，而高尔夫球场球道和较大面积草坪一般采用拖拉机牵引式或悬挂式打孔机。其工作原理就是在滚动的圆盘上等距离、等密度安上刀具，通过滚动行走使刀具垂直插入土壤中。刀具有空心管刀、圆锥实心刀、扁平切根刀等，前两种比较常用，刀具一般长 10～15 cm，也就是打孔的深度。无论自走式还是牵引式打孔，均属于机械操作，所以在使用前一定仔细阅读操作手册，注意使用安全，按规定的行走速度直线匀速行驶。打孔后要及时拖散土块并进行清理，同时施肥浇水。

2. 梳草

梳草主要是用来除去草坪上枯萎的草叶，同时起到清除杂草和改善草坪表面透气状况的作用。梳草机的工作装置是在一根轴上装有等距离的垂直刀片，在机械行走时可旋转，以搅动草屑和草垫层，划破地面后增加透气、透光、透水性来达到养护的目的，梳草每年可进行 2～3 次，梳草时也要注意正确操作机械。

3. 表施细土

表施细土对保证草坪的平整度和美观，防治枯草层，提高施肥效果，加速草坪生长均有较大的好处。

一般的草坪如高尔夫球场球道草坪每年施 1 次即可，而高尔夫球场发球台草坪每年可施 2～3 次，果岭草坪每年可施 5～6 次或更多。

高尔夫球道草坪和一般草坪表施细土多在晚秋或早春进行，一般每次厚度为 5～10 mm。果岭和发球台草坪在整个生长季节均可进行表施细土，但盛夏应少施或不施，且每次厚度 2～3 mm 即可。

大面积表施细土要用大型拖拉机牵引铺沙机进行作业，施入的沙和肥料要提前过筛，调整好厚度即可铺设，铺设后要用专门的拖网拖平，果岭及小面积草坪的铺设用小型自走式铺沙机铺设，铺设后用同样的拖网拖平。

以上三项作业可交叉或结合进行，但因均属于机械作业，所以在作业过程中一定要由有经验的专业人员带领，严格按规程操作。

四、综合练习

1. 认识和使用打孔机、梳草机、覆沙机。
2. 了解打孔、梳草、表施细土的操作过程并进行实际操作。

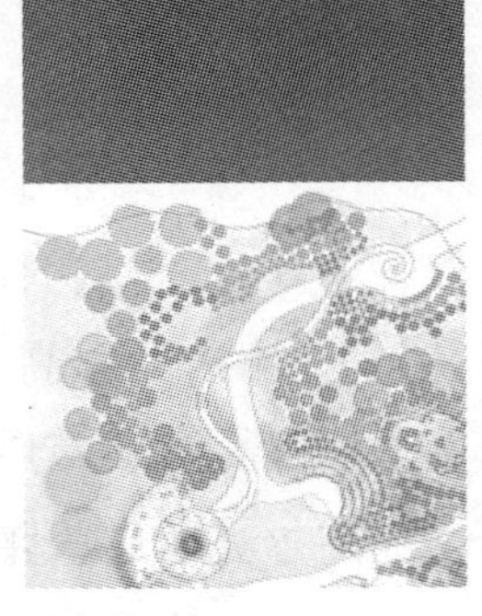

模块五

固土护坡草坪的建植、养护与管理

课题一

固土护坡草坪的特点及场地准备

任务目标

◇了解固土护坡草坪的特点

◇掌握固土护坡草坪的场地土壤改良方法

任务提出

如图 5—1 所示分别为南方地区混凝土骨架和土质边坡绿地的场地建造及草坪建植后的绿化效果图。现要求利用所学知识对如图 5—1 所示的土质边坡进行混凝土骨架建造，并对其进行绿化，要求选择出适宜的坡面保护施工方法，使建造出来的草坪绿地生根能力强、固土护坡效果好。

图 5—1　南方地区混凝土骨架和土质边坡绿地的场地建造及草坪建植后的绿化效果

任务分析

要想完成固土护坡草坪混凝土骨架的建造和草坪绿地的建植，首先需要选择适宜的坡面保护施工方法，并进行必要的场地准备。

相关知识

一、植物工程的概念

植物工程就是通过植物的播种、移植等，在坡面上覆盖植物，防止表层土壤的侵蚀、流失、崩塌及沙土飞扬等，同时，最好能形成一定的景观。

植被在保持水土、抑制地表径流方面的作用十分显著。植被及其根系可以吸收大量降水，并能大大延缓在强降雨的过程中地表径流的快速形成。草坪可形成致密的地表覆盖，且在表土中有絮结的草根层，因而具有良好的防止土壤侵蚀的作用。草地植被及其根系可以有效地保护土壤免受雨水冲刷，草地上形成的径流几乎是清澈而不含任何泥土的。同时，草地植被的根系可以改善土壤性质，使土壤肥沃等。

二、边坡的特点

1. 条带状分布，具有地域性特点

公路边坡一般距离较长，呈条带状分布，如楚大高速公路全长 178.87 km。

2. 表土缺乏，土质条件差，变化大

公路边坡、河流堤岸，尤其是挖方边坡，开挖后完全是生土，地表缺乏表土，多由岩石组成，坡面紧实，肥力低，几乎不含有机质，土壤极贫瘠，保水、保肥能力差。

3. 边坡小气候复杂，限制因子多

裸露的公路边坡风速比林地大 15 倍，比草地大 8 倍。边坡的朝阳面，土壤昼夜温差大，蒸发量高。

4. 边坡陡峭，施工难度大

中国公路边坡坡比为 1 : 1，即 45°，有的甚至达 60° 以上，这给土壤的处理和植被的种植带来难度。

5. 公路污染，影响植被的正常生长

汽车尾气和铅的排放，不仅对周围环境造成污染，也影响边坡植被的生长，在中国北方地区，冬季由于撒盐除雪，也会造成边坡土壤盐分含量过高，从而抑制植物生长，甚至引起植物死亡。

三、固土护坡草坪建植前的场地准备

1. 选定坡面保护施工方法

用植物保护坡面，其前提是坡面土层稳定。因此，在坡面不稳定的场合中使用植物时，应采用与土层状况相对应的保护措施。为使植物能在其上生长，要进行基床整备，尤

其是要改善土壤条件。在引入植物之前，必须要通过一定的工程措施（绿化基床工程）使其稳定。关于土壤的 pH 及施肥等改良工作，可按一般建植基床整备设计标准进行。

（1）植物坡面保护方法的选定 综合讨论达到植物目标形态所使用的植物、坡面的坡度、土质和气象条件等，来决定植物坡面的保护方法。

（2）根据植物目标形态选定施工方法 按照植物目标形态，选定使用的植物，再根据选定植物适宜的土质条件来选择适当的施工方法（见表 5—1），根据土壤硬度确定生长发育基床改良的一般目标（见表 5—2）。

表 5—1 根据土质条件选定适宜的施工方法

土质条件	适宜的施工方法
沙质土	撒播、全铺草皮、部分铺草皮
软岩、含砾石的沙土	客土喷播、穴植、工程设施 + 植被
硬岩、无土壤地	厚层基材喷射绿化、工程设施 + 植被

表 5—2 根据土壤硬度确定生长发育基床改良的一般目标

基床硬度（mm）	改良的一般目标
<10	因干燥而使种子不发芽，应改善床土水分状况。当坡度大于安息角时，易引起坡面崩塌，应采取必要的防侵工程措施
10～23（黏性土）	为使根系生长良好，应改善土壤硬度
10～27（沙质土）	当土壤硬度小于 25 mm 时，可直接栽植树木
20～30（黏性土）	对根系的伸长有影响，应采取穿孔、开沟等松土措施
17～30（沙质土）	不宜采用栽植、撒播、扦插等
>30	局部采用打孔改良，并提高其湿度，应该采用客土法创建新的苗床
软岩	造 3～5 cm 以上厚度的苗床，采用铺网等特殊绿化方法，当坡度大时，与稳定坡面的工程措施并用
硬岩	造 5～10 cm 以上厚度的苗床，急坡宜将人造苗床和工程措施并用

播种的基本方法有被覆法和施工法，其他的还有基床整备与播种并用，或被覆作业与播种作业并用，以及将掺入土壤改良剂（材）的播种土移入等方法。

2. 固土护坡草坪的种类

坡度大于 45°、土壤条件差的地段采用生物与工程治理相结合的方法。将草本植物与镶嵌石块相结合，石块或水泥砌成网格，在网格内栽植草坪植物。

坡度小于 45°、土质较好的坡面可采用草灌混栽，将行间种植灌木和草本相结合，充分覆盖地面，综合治理。

坡度小于 15° 以下的坡面，可采用草本植物护坡。

在实际工作中，根据基本设计方针，确定对象坡面将来的形态。植物坡面的目标形态见表5—3，要根据施工后的管理条件，综合考虑建植景观设计、建植功能设计来确定。

表5—3　　　　　　　　　　　　植物坡面的目标形态

基本类型		目标形态
自然植被型	草地型	由植被覆盖来实现坡面保护功能，任天然植物侵入，最后形成具杂草景观的草地覆盖
	自然林型	强调与周围自然环境保护和景观的一致性，尽可能地以与周围相似的植被来实现坡面保护功能。将外来草种与乡土植物同时引入，尽量让所建成的植被与对象地周边自然植被相和谐
修景植被型	地被型	坡面保护功能由修景植被来实现，对种植的草坪草进行修剪，导入矮生地被植物，形成以草坪为主的景观
	种植林型	坡面保护功能由种植的林木来实现，形成树林景观

3. 土壤耕作方法

（1）调整坡地的坡度　坡面一般为不易着生的裸地，土壤也为非耕作地，土壤硬度高，气候因子、温度、水分条件差，因此建坪的难度很大。为使草坪定植，首先要对坡面土壤进行改良，在坡度较大的地方要挖鱼鳞坑或水平沟，在坑或沟内栽植灌木或在穴内播种草本植物。

在播种时为了防止大雨冲刷坡面引起水土流失、草种被水冲失，可用沥青乳剂对坪床面进行固化处理，或加覆盖物，如草帘、秸秆、木屑、化学纤维等。应在土壤中加入保水剂，以保持土壤水分。

（2）铺设一定厚度的肥土　坡面的土壤条件一般较差，为使草坪定植，要对坡面土壤进行改良，施行换新土、掺肥土、加土壤改良剂（如细沙、泥炭、锯屑）等措施。

（3）必要时应采取工程措施，以利于植物的根系生长　在土层比较深厚的坡面上，首

先旋耕 10 cm，同时施入有机肥料，局部不能用机械旋耕的地方用人工翻挖。清除杂草，播前用除草剂百草枯、草甘膦等灭生性除草剂除草，使用除草剂 2～3 周后才能播种。绿化施工坡面应尽量整平，不得有较大的土颗粒。如果采用喷播法，土壤水分过少时，应事先浇透底水，待土壤湿润后随即进行喷播，若采用播种或铺草皮法时也最好先浇透水，待土壤变潮不泥泞时就可播种或铺草皮。无条件时也可不灌溉。

任务实施

本任务中边坡坡度大于 45°，是土壤条件较差的地段，因此适宜采用生物与工程治理相结合的方法。主要采用草本植物与镶嵌石块相结合，石块或水泥砌成网格，在网格内栽植草坪植物的方法。为使草坪定植，首先要对坡面土壤进行改良，施行换新土、掺肥土、加土壤改良剂（如细沙、泥炭、锯屑）等措施。在播种时为了防止大雨冲刷坡面引起水土流失、草种被水冲失，可用沥青乳剂对坪床面进行固化处理，或加覆盖物，如草帘、秸秆、木屑、化学纤维等。应在土壤中加入保水剂，以保持土壤水分。

评分标准

序号	考核内容	具体要求	评分标准	得分
1	边坡的特点	正确说出边坡的特点	10	
2	固土护坡草坪的施工方法	根据土质条件能正确选定适宜的施工方法	20	
3	基床改良的一般目标	能根据土壤硬度正确选定生长发育基床改良的一般目标	20	
4	固土护坡草坪的种类	正确说出固土护坡草坪的种类	10	
5	植物坡面的目标形态	正确说出坡面的基本形态和目标形态	20	
6	调整坡地的坡度	正确掌握坡地坡度的调整方法	10	
7	边坡地的土壤耕作方法	正确掌握边坡地的土壤耕作方法	10	
合计得分				

思考与练习

1. 边坡有哪些特点?

2. 在固土护坡草坪的施工中，如何根据土质条件来正确选定适宜的施工方法?

3. 在固土护坡草坪的施工中，怎样根据土壤硬度来正确选定生长发育基床改良的一般目标?

4. 固土护坡草坪的种类有哪几种?

5. 在固土护坡草坪的施工中，坡面的基本形态和目标形态包括哪些?

6. 坡地坡度的调整方法包括哪些?

7. 如何进行边坡地的土壤耕作方法?

课题二

固土护坡草坪草种选择

任务目标

◇掌握常见固土护坡草坪的特点及生态习性

◇掌握常见固土护坡草坪草种的选择

任务提出

如图 5—2、图 5—3 和图 5—4 所示分别为南方地区土质边坡绿地的场地施工和草坪喷播技术、土质边坡草坪绿化效果及北方河堤草坪绿化效果图。现要求利用所学知识为如图 5—2、图 5—3 和 5—4 所示的南方土质边坡和北方河堤绿化过程选择出适宜坡面种植的草本植物、木本植物及其组合。

图 5—2　南方地区土质边坡绿地的场地施工和草坪喷播技术

图 5—3　土质边坡草坪绿化效果

图 5—4　北方河堤草坪绿化效果

任务分析

要想按照土质边坡绿化草种的主要性能指标选择出适宜坡面种植的草本植物和木本植物及适宜的植物组合，需要了解固土护坡草坪草的特点、选择依据和方法，掌握固土护坡草坪草种的选择及河堤边坡绿化混播组合方案。

相关知识

一、固土护坡草坪草的特点、选择依据和方法

1. 固土护坡草坪草的特点

高速公路、河堤或山体边坡绿化选用的草种主要是保证其成活生长并具有护坡的功能。这一部位的绿化面积最大，功能最强，对稳定路基、保障安全，保土、保水、防止冲刷具有直接作用，但因不具备灌溉条件，立地条件差，若草种选择不当或绿化技术不规范，会造成绿化失败。在草种选择上，当地土生的栽培草优于进口的草坪草，本地适宜绿化的野生草优于栽培草，条播优于撒播，如在陕西关中地区秋播优于春播。因此，选择的草种除能适应当地气候、土壤的条件外，还应具备以下特点：根系深而发达，扩展性强；生长成坪快；多年生，绿色期长；抗逆性强，如抗旱、抗热、抗寒、抗病虫害、耐贫瘠、耐粗放管理。在中国北方所选草种还要具有耐盐等特性。要在充分理解植物使用目的和性状的基础上，考虑将危险分散，应选定 3 种以上植物。

一般草本类发芽及生长发育快，但对肥料要求高，多要求追肥等。单一草种容易覆盖，但由于根的长度几乎一致，致使根的尖端附近土层多容易滑落。木本类发芽慢，生长发育迟缓，但由于直根系深入土层，能提高坡面的稳定度，且不需追肥等措施。

2. 固土护坡草坪草种的选择依据和方法

（1）选择依据和方法　植物都具有个性和群落特性，必须选择具有相应特性的种类，并认真确定引入方法。草种的选定，需符合下列条件：

1）能在贫瘠地生长，尤其适于干燥、炎热环境，抗性强。

2）生长力旺盛，生长繁茂，生育初期覆盖度大，生长发育持续不断，固着土壤作用强。

3）具有改良土壤，使其肥沃的效果。

4）种子易获得。

5）在坡面上发生火灾的危险性小。

6）有优异的景观、生态保护效果。

（2）播种量的计算　播种量可依下式计算：

$W=G/S \cdot P \cdot B$

式中：

W——单位面积播种量（g/m^2）。

G——单位面积所希望生长的株数（株 $/m^2$）。

S——单位重量的平均种子数（粒 /g）。

P——纯度（%）。

B——发芽率（%）。

一般来说，每平方米希望有禾本科植物 5 000～10 000 株，据此标准可计算出播种量，但应根据各施工地的条件、施工时期、播种方法及植物生育形态等的不同来决定播种量的多少。也就是说，在寒冷地区及高海拔地区，考虑到生长温度、生长天数等，可增加播种量 10%～20%。种子的混播通常引起种间、种内的竞争，因此，混播时特别要注意种类的生育特性，并以此为依据决定混播的种类组合与比例。在进行混播设计时，需注意以下几点：

1）若木本与草本种子混播，则应在早期将树木导入坡面用以固定，同时这也是景观配置中极为有效的手段和最基本的方法。

2）为了提高施工效率而使用机械时，树木和草类都有受到碾压的危险，此时应尽量避免过量的碾压。

播种量要考虑到土壤条件，一般每平方米应有株数 4 000～8 000 株，也可以用铺草皮等方式进行覆盖。

在导入松树类及其他先锋性常绿树种时，可以考虑与高度较矮的草类进行组合。

二、固土护坡草坪草种选择

用于坡面保护的植物由于其种类不同，对气象条件（尤其是温度、水分）、土地条件（尤其是地质、坡度、干湿）等的适应性不同，生存年限、生态等也有差异。白三叶、胡枝子、百脉根、紫花苜蓿、苇状羊茅、多年生黑麦草、草地早熟禾、冰草、紫羊茅、狗牙根、结缕草等及莎草科苔草属的一些种均可作为固土护坡的草种。在中国北方选用冷季型草坪草时最好混播，以提高草坪的抗逆性和适应性。在中国南方热带地区，雨量丰富，热量大，只能选用暖季型的草种，华中暖热地区冬季冷，夏季热，冷季型草坪草在这一区域很难越夏，而暖季型草坪草又不易越冬，这样的地区最好以暖季型草本和灌木为主，冷季型草可以作为辅助种。

1. 技术指标

种植多年生低矮型草坪绿地，90 天或翌年覆盖度≥ 80%，根茎以上距地表 5 cm 处

草层覆盖度不低于 30%。降雨强度≤ 4.42 mm/h 时，减少径流量≥ 82.6%，减少冲刷量≥ 90.1%。全年绿色期达 280 天以上。

2. 适宜的绿化草种和小灌木

路堤边坡的绿化主要是护坡，因此，应根据边坡所采用的排水方式来选择绿化草种。如果路面采用集流排水，对边坡的冲刷侵蚀相对较小，可选择深根系、寿命长、缓发、当年播种翌年覆盖地面的草种（如小冠花）。如果采用散排水，绿化要尽快覆盖地表，起到保水、保土、防冲刷的作用，要选用速生、早发和出苗率高的草种，如红豆草、多年生黑麦草和其他适宜的禾本科草种等。

（1）小灌木　灌木要选择耐寒、耐旱、抗风、抗逆性强的品种。灌木茎叶繁茂，覆盖地面能力强，根系发达，根系易交织或呈网状，易固定土壤。如紫穗槐、沙棘、荆条、小叶锦鸡儿、枸杞、胡枝子等植物都是根蘖性强，串根自繁，容易形成密集茂盛的群体，适宜作为保土、固沙、护坡植物。

（2）草本植物　草本植物发芽快，茎叶繁茂，根系发达，覆盖地面能力强。主根粗大、侧根多、生长迅速且能抵抗杂草，能产生大量种子，成熟迅速，种子落地能自行生长。具有多年生的习性，具发达的匍匐茎、地下茎、根蘖分根等，与土壤固结能力强。耐寒、耐旱、抗逆性强，可选择小冠花、紫花苜蓿、草木樨、羊草、沙打旺、无芒雀麦、高羊茅、结缕草、野牛草、狗牙根、葛藤、披碱草等作为护坡植物。

下面是 8 种常见护坡草种，其主要性能指标见表 5—4。

表 5—4　常见护坡草种的主要性能指标

草种名称	密度（株/m²）		生长速度（cm/d）	覆盖度（%）	根量（g/m²）	越夏率（%）	越冬率（%）	绿色期（d）
	理论	实际						
红豆草	476	405	0.281	96.33	817.28	88.0	97.0	286
小冠花	156	37	0.281	98.67	288.33	86.33	89.0	265
多年生黑麦草	1 668	845	0.414	91.33	668.77	69.67	90.33	299
草地早熟禾	3 504	917	0.060	81.00	635.54	49.33	93.33	314
无芒雀麦	859	542	0.433	96.33	696.76	75.67	91.67	293
紫羊茅	2 674	1 160	0.422	94.67	472.57	34.0	89.33	283
匍茎翦股颖	1 045	367	0.160	97.33	374.29	54.67	91.67	316
高羊茅	1 031	803	0.472	97.67	586.81	50.0	64.0	309

3. 混播组合方案的设计与选择

一般来讲，混播优于单播，尤其豆禾混播有两方面的作用，即土壤养分的互补作用

（如红豆草加其他禾草）和先锋种对主要种的保护作用（如小冠花加多年生黑麦草）。在北方地区的边坡绿化中推荐以下 6 种混播组合方案，见表 5—5。

表 5—5　　北方边坡绿化混播组合方案

组合方案	草种组合比例
1	60%红豆草 +20%无芒雀麦 +20%多年生黑麦草
2	60%小冠花 +20%无芒雀麦 +20%多年生黑麦草
3	70%小冠花 +30%多年生黑麦草
4	40%多年生黑麦草 +20%草地早熟禾 +20%匍茎翦股颖 +20%紫羊茅
5	30%垂穗披碱草 +40%多年生黑麦草 +30%无芒雀麦
6	60%白三叶 +40%多年生黑麦草

任务实施

在南方地区土质边坡绿地的建造过程中，选择高羊茅、结缕草、野牛草、狗牙根、葛藤、披碱草或小冠花等草种，绿化混播组合方案最好选择 60%红豆草 +20%无芒雀麦 +20%多年生黑麦草，或 30%垂穗被碱草 +40%多年生黑麦草 +30%无芒雀麦，再间杂一些抗逆性强、茎叶繁茂、根系发达且易交织或呈网状的小灌木，如紫穗槐、荆条、小叶锦鸡儿、铁碴箕等。

在北方河堤草坪绿化中，选择小冠花、紫花苜蓿、苔草、百脉根、草木樨、羊草、沙打旺、无芒雀麦、高羊茅、结缕草、野牛草、狗牙根、葛藤、披碱草等草种，绿化混播组合方案最好选择 60%小冠花 +20%无芒雀麦 +20%多年生黑麦草，或 40%多年生黑麦草 +20%草地早熟禾 +20%匍茎翦股颖 +20%紫羊茅，或 30%垂穗被碱草 +40%多年生黑麦草 +30%无芒雀麦，60%白三叶 +40%多年生黑麦草的组合方案也可以。小灌木可以选择紫穗槐、沙棘、荆条、小叶锦鸡儿、枸杞、胡枝子等。

评分标准

序号	考核内容	具体要求	评分标准	得分
1	固土护坡草坪草的特点、选择依据和方法	正确掌握固土护坡草坪草的特点、选择依据	15	
2	固土护坡草坪草播种量的计算	正确掌握固土护坡草坪草播种量的计算	10	
3	进行固土护坡草种混播设计需注意的事项	正确掌握进行固土护坡草种混播设计的注意事项	10	
4	固土护坡草坪草种选择的技术指标	正确掌握固土护坡草坪草种选择的技术指标	10	

续表

序号	考核内容	具体要求	评分标准	得分
5	南方地区适宜的固土护坡绿化草种和小灌木	正确说出南方地区适宜的固土护坡绿化草种和小灌木	20	
6	北方地区适宜的固土护坡绿化草种和小灌木	正确说出北方地区适宜的固土护坡绿化草种和小灌木	20	
7	固土护坡草种混播组合方案的设计与选择	正确掌握固土护坡草种混播组合方案的设计与选择	15	
合计得分				

思考与练习

1. 固土护坡草坪草的特点、选择依据和方法是什么？
2. 如何进行固土护坡草坪草播种量的计算？
3. 进行固土护坡草种混播设计需注意的事项包括哪些？
4. 固土护坡草坪草种选择的技术指标是什么？
5. 南、北方地区适宜的固土护坡绿化草种和小灌木各有哪些？
6. 如何进行固土护坡草种混播组合方案的设计与选择？

课题三
固土护坡草坪建植与养护管理

任务目标

◇掌握固土护坡草坪的建植方法

◇掌握固土护坡草坪的常规养护管理技术与要求

任务提出

如图 5—5、图 5—6 和图 5—7 所示分别为边坡采用喷播技术种植后覆盖无纺布的情况、喷播后草坪草的生长情况和边坡绿地建植后的效果图。现要求利用所学知识对图 5—5 所示的土质边坡进行坡面立体垂直绿化。

任务分析

对边坡进行坡面的立体垂直绿化，需要选择适宜的坡面保护施工方法、绿化建植方法，并要对建植后的坡面绿地进行常规养护管理。

图 5—5　边坡喷播后覆盖无纺布

图 5—6　喷播后草坪草的生长情况

图 5—7　边坡绿地建植后的效果

相关知识

一、路堑土、石质坡面立体垂直绿化

1. 绿化的方法

公路堑道，即路基低于地平面，在公路建设中人为形成的行车通道，通道两侧的土质或石砌而成的斜坡面或直立面称为路堑。国内外目前主要对路堑采取机械绿化和人工绿化的方式。机械绿化是以专用的机械设备，将种子肥料、营养素和黏结剂混于水中，用高压水喷射于土质坡面，以达到绿化目的。此方法的特点是快速高效、技术先进，但成本高，局限性大，对 50° 以上的坡面、年降雨量 500 mm 以下地区成功率低，只适宜在湿润、半湿润气候条件的地区使用。北方地区多用人工绿化方式，称为点穴绿化，即以穴播种植或栽植适宜的草本或小半灌木。此方法的特点是成本低，但速度慢，对高路堑坡面绿化有一定的难度。表 5—6 为根据植物目标的形态来确定适宜绿化方法的表格。

表 5—6　　根据植物目标的形态来确定适宜绿化方法

	目标形态	使用植物	适宜方法
自然植被型	草地型	引进草本	撒播，植生带，穴植，客土喷播，条播
	自然林型	引进草本 乡土植物	客土喷播，植生带，喷播，穴植
修景植被型	地被型	草坪草 地被植物	全铺草皮，部分铺草皮
	栽植林型	草坪草、苗木插条、低木、高木	种植

2. 主要技术指标

在坡比 1∶3，坡度 65° 以下的路堑土质坡面，翌年的绿化成活率达到 70%以上，覆盖率达 80%。坡比 1∶3 以上，坡度 75° 以上者，翌年的绿化成活率达 50%，覆盖率达 60%。3 m 以下的石砌路堑坡面，藤本植物上爬或下垂式的立体垂直绿化覆盖率达到 60%，3～6 m 的石砌路堑坡面，绿化覆盖率达到 40%。

3. 土质堑道坡面绿化技术

土质堑道坡面绿化主要采用人工绿化的技术措施，具体包括以下 2 种：

（1）梅花状挖穴　穴的直径、深度均为 10 cm，距 50 cm，操作过程为：挖穴—投种—覆土压实—浇水。

也可将种子直播改为种包投放。种包制作过程为：取营养土 350～400 g，将 100 粒种子混合于其中，用粗质纤维纸包裹成球形。操作过程为：挖穴—投包—覆土压实—浇水。

（2）水平沟种子直播　开沟深度 10 cm，覆土厚 2～3 cm，行距 10 cm，操作过程为：开沟—撒种—覆土压实—浇水。

4. 石质堑道坡面绿化技术

石质堑道坡面绿化主要有上、下垂直式绿化和植树屏障式绿化 2 种方式。前者是在坡面上部或下部栽植多年生攀缘性和吸附性藤本植物，形成下垂式或上爬式的立体垂直绿化。后者是在坡角定点栽植高大乔木或矮乔木、灌木，并点缀一定的花灌木，形成立体交叉的绿色屏障，以此改善视觉环境。

在北方地区常使用爬山虎和山荞麦（酸蓼）绿化石质堑道坡面，如西临高速公路，栽植 2～3 年后的爬山虎，总成活率达 92%，3.5 m 以下的坡面覆盖率达 41%，部分生长旺盛的路段覆盖率已达 60%。

另有凌霄和常春藤几种攀缘植物在北方亦可使用。

二、固土护坡草坪的建植方法

1. 喷播法

由于坡面的特殊性，选用喷播法建植草坪是比较先进实用的方法。但喷播要由专业人员操作，喷播过程中，把木纤维、草种、肥料、水、黏合剂、染色剂、保水剂、防侵蚀剂等混合在一起，用高压水或压缩空气向地表喷射即可很快完成斜坡草坪播种，而且种子不会流失。或者先播种，再在撒种后的表面上撒防侵蚀剂。在植物未能发芽、草苗还很小时，防侵蚀剂可以暂时起到防止土壤侵蚀，防止种子或幼苗流失，并使播种面保持湿润的作用。选用造纸场的纸浆作为木纤维的代用材料时，应注意纸浆中可能含有对种子萌发的有害物质或 pH 值过大而影响草坪草的萌发。在条件与技术具备的情况下，最好采用喷播方法，省工、省时、建坪快。在降雨少的干旱季节，可在喷播层上加盖覆盖物进行保湿，根据具体情况可选用草帘、遮荫网、无纺布或稻草、麦秆等，特别是阳坡应尽量使用覆盖物。应该注意避免在大风、暴雨前进行喷播施工。

一般使用的合成树脂乳液有丙烯酸酯聚合物乳液、醋酸乙烯—丙烯酸丁酯聚合物乳液和聚醋酸乙烯乳液等，其固体成分约 50%含有增塑剂，即固体颗粒分布为 50%。

合成树脂乳液和禾草种子配合的实例较多，应选择发芽快、生根迅速、护坡固沙能力强的草籽。

2. 播种法

在 25° 左右的斜坡上，可开水平状的横沟进行条播。在 30° 以上的陡坡上，为防止冲刷，可采用“品”字形穴播法，穴距 20 cm。播后应及时浇水、管理。

3. 草皮铺植法

采用将苗田地的草皮块切成 30 cm × 30 cm、厚 2 ~ 3 cm 的方块，一块一块衔接的方式铺成草坪，在坡度大的地方，每块草坪应用桩钉加以固定，草皮块形成“瞬时草坪”，成坪迅速。铺草皮是从坡的最低点向上铺，通常铺草皮条的方向是与坡地垂直，并且草皮错列铺接，以防大雨或浇灌时水土流失。陡坡上要用 3 个 15 ~ 20 cm 长的软的小木桩分别在上方、两边和中间固定草皮，软的小木桩留在地里后能很快降解。木桩应与坡面垂直而不是呈斜角。

4. 植生带铺植法

植生带铺植法的具体内容见模块一课题三。若采用植生带铺植法，最好与生产植生带的厂家联系，按当地的环境、土壤条件，制定最佳的草坪草组合，按确定的草坪草组合比例生产出植生带，这样的植生带才适宜该地区的环境、土壤条件，利用价值也高。铺植生带与平地铺法大体相同，但要沿等高线铺设，上面要用“U”形桩固定。木桩之间相隔

50 cm，使草坪植生带更加稳定。为保持植生带草种湿润，发芽早，出苗快，还要在上边用无纺布进行覆盖。为了避免无纺布下滑或被风吹掉，可用 8 号铝丝做成“冖”形钉子按一定距离扎入土中，钉与钉之间的距离以 15 cm 为好。草坪植生带全部铺设工序完成后，应进行覆土，每天早、晚各喷水 1 次，以保持土壤湿润，同时注意进行铺后的常规管理。

三、固土护坡草坪的养护管理

固土护坡草坪从建植开始，为了保持其绿化效果，要经常进行养护管理。固土护坡草坪的养护管理分为一般养护管理和特殊养护管理。根据坡面的绿化特点与内容，包括剪草、施肥、浇水、杂草防除和病虫害防治等几项。

1. 采用加盖覆盖物，防止水土流失

可用沥青乳剂对坪床面进行固化处理或加盖覆盖物（如秸秆、木屑、化学纤维等）。

2. 剪草

剪草是草坪养护管理中最基本的工作内容。首先满足观赏性的需要，其次有利于草坪草的旺盛生长，提高草坪草的致密性和覆盖率，合理的修剪还可延长草坪绿色期。有关坡面草坪绿地的修剪指标见表 5—7。

表 5—7 坡面草坪绿地的修剪指标

类型	4 月	5 月	6 月	7 月	8 月	9 月	10 月	全年	留茬高度（cm）
绿地（护坡绿地及其他）		1				1		2	6～8

3. 施肥

根据草坪草的生长情况适量追施肥料或叶面喷施叶肥。草坪施肥以化肥为主，每年春季（3—4 月份）施 1 次，秋季（8—9 月份）施 1 次。春季以施氮肥（尿素、硝酸铵等）为主，秋季以施磷、钾肥（磷酸二铵、氯化钾）为主。尿素施用量幼坪为 15 g/m^2，成坪为 35 g/m^2，氯化钾施用量为 20 g/m^2，施肥方法为均匀撒施后再浇水。有机肥施用每 2 年进行 1 次，每次施用量为 1 000 g/m^2，施用方法是将肥料腐熟、过筛，并在草坪完全干燥时撒施，施完应拖平浇水。边坡绿地由于用水困难，施肥最好在下雨前进行，以增强肥效。

对一些特殊化学肥料的使用，包括植物生长调节剂、微量元素肥料等，应严格掌握施用量，施后配合浇水，在施用前应做小面积试验。

4. 浇水

播种后根据土壤墒情、降水等情况，适时喷洒浇水，确保草坪草种子萌发出苗和草皮

快速生根。边坡浇水要采用不致引起边坡冲刷的喷灌方式，可采用水车、喷播机或机动水箱进行浇水。浇水时要求水流细而缓，应选用直流喷雾水枪，每次必须浇透，待苗出齐或草皮生根后再停止经常性的浇水。

（1）浇水时间　判断是否需要浇水，可用仪器测定。用土壤水分速测仪测定草坪根际层土壤含水率，含水率小于田间最大持水量的 70% 时就需浇水。也可采用土层剖面法，新建幼坪土壤表层 2 ~ 5 cm 深的土壤完全干燥、成坪 10 ~ 15 cm 的土壤完全干燥时，需立即浇水。

（2）浇水次数与时间　北方地区的新建幼坪需早晚浇水，经常保持表土湿润，以利出好苗出全苗。成坪（1 ~ 1.5 年）在春季每 15 天浇水 1 次，夏季 5 ~ 10 天浇水 1 次，秋季 1 个月浇水 1 次，冬季冬灌 1 次（在气温稳定降至 1℃时进行），浇水时应使 20 cm 深的土层完全湿透为宜，详见表 5—8。

表 5—8　　固土护坡草坪浇水次数及浇水量

类型	浇水次数（次 / 月）				水深度（cm）	全年浇水次数
	春	夏	秋	冬		
绿地边坡	1	1 ~ 2	1	1	10	不少于 4 次

5. 杂草防除

边坡草坪绿地防除杂草可采用人工防除和化学防除方法。

（1）人工防除　对混有一二年生杂草的草坪，在杂草未开花前施行重刈割，多次低刈割可使杂草养分耗尽，直至死亡。对一些明显高大、散生的杂草，可进行人工拔除。

（2）化学防除　结合高等级公路绿化面积大、草坪绿地类型多等特点，常用的除草剂有：① 2，4—D 类，主要种类有 2，4—D 丁酯、二甲四氯等，是典型的选择性除草剂，能杀死双子叶杂草，对单子叶植物无害；②西马津、扑草净、敌草隆，药物均匀分布于地面时，可抑制杂草的萌发和杀灭刚萌发的杂草，对土壤有“封闭”作用，主要用于坪床“预留处理”；③草甘膦、百草枯，是灭生性除草剂，对任何植物均具有杀伤作用，主要用于建坪时的土壤消毒。

草坪杂草的种类和农田类似，种类繁多，目前使用的各类除草剂亦有很多，关键在于“对症下药”，应严格按使用说明施用。在北方地区野生狗牙根和黄香附子恶性杂草难以防除，关键是要在建坪时做好土壤消毒处理和坪床“预留处理”。

6. 病虫害防治

边坡草坪绿地发生病虫害时，要使用药物及时防治。边坡绿地常见的病虫害及防治方法见表 5—9、表 5—10。

表 5—9　　固土护坡草坪常见害虫及防治

害虫名称	危害形式	防治方法
蝗虫	咀嚼禾草叶片和嫩茎，5～9 月频发	用 0.1% 的敌百虫液或 0.1% 的敌敌畏液喷洒，也可在早晨露水未干时捕杀幼虫和成虫
小地老虎	专食嫩茎嫩叶，严重时造成草坪秃斑	用 0.1%的敌百虫液喷洒，也可在凌晨进行化学诱杀
蝼蛄	夜间出来觅食，嚼断近地面的根茎，使草坪草枯黄	同上
蛴螬	嚼食禾草根部，严重时使草坪产生秃斑	同上
黏虫	危害嫩茎叶	用 0.1%敌百虫喷洒
金龟子	将草根齐地切断，使草坪成块死亡	用毒饵或灯光诱杀

表 5—10　　固土护坡草坪常见病害及防治

病害名称	症状	危害	防治
白粉病	叶表面出现白苗丝斑块，呈灰白色，面粉状	叶片变浅而后死亡	用多种杀菌剂杀灭
锈病	茎叶产生红褐色斑疮或条纹，后变为深褐色	严重时使植株枯萎，乃至大片死亡	用敌锈钠、石硫合剂、代森锌、萎锈灵等农药防治
草坪褐斑病	叶片上产生大小变异形圆斑或死斑	危害叶面，影响草坪外观	使用波尔多液或杀菌剂
幼苗猝倒病	发病时开始出现斑点	幼苗萎蔫倒伏	使用波尔多液
赤霉病	感病时先产生粉红色霉斑，之后长出紫色小粒	严重时全株死亡	使用多种杀菌剂杀灭

7. 抚育更新

我国北方地区的草坪为冷地型草坪，在正常情况下使用寿命为 5～6 年，边坡上的草坪因条件严酷，在第三年后便会出现退化现象，表现为草坪色度变浅，呈灰绿色或白绿色，生长不均匀，高低不平，色度深浅不一，生育期提前，植株茎秆长至几厘米便开花结实，局部出现秃斑乃至大片死亡等。在正常的养护条件下，如出现这些现象，应及时采取抚育更新措施，一般可延长使用寿命 2～3 年。

（1）打孔　2～3 年草坪的地下根际层的通透性很差，打孔有利于改善草坪地下层的通透性，促使根茎处新芽再生。时间以春、秋两季为好，密度为每平方米 20～40 个孔，深度 15～20 cm，孔口直径 1～2 cm。

（2）表施细土　结合打孔进行，根据经验，在草坪低剪后（3 cm）使用干净、不含杂质的种植土 70%加 30%的有机肥，撒施后轻压，随即喷水。这种方法简单易行，效果好。表施细土的时间可在早春、秋季进行，北方地区在越冬前进行，有利于草坪越冬，翌年返青早，生长健壮。

（3）其他措施　有补植、补播等措施，详见其他章节相关内容。

任务实施

如图 5—2 所示的土质边坡绿地的建植主要采用上、下垂直式绿化方式。在坡面上部或下部栽植多年生攀缘性和吸附性藤本植物，形成下垂式或上爬式的立体垂直绿化。草坪草的种植方式主要采用喷播法，喷播完成后，可在喷播层上加盖覆盖物进行保湿。根据具体情况可选用草帘、遮荫网、无纺布或稻草、麦秆等进行覆盖。绿地修剪每年进行 2 次，分别在 5 月和 9 月，每次留茬高度为 6～8 cm。根据草坪草的生长情况适量追施肥料或叶面喷施叶肥，最好在下雨前进行，以增强肥效。播种后根据土壤墒情、降水等情况，适时喷洒浇水，全年浇水次数不少于 4 次。可采用人工防除和化学防除方法来防治杂草。边坡草坪绿地发生病虫危害时，要使用药物及时防治。同时及时进行打孔、表施细土、补植、补播等抚育更新的措施。

评分标准

序号	考核内容	具体要求	评分标准	得分
1	根据植物目标的形态来确定固土护坡草坪适宜的施工方法	正确掌握固土护坡草坪适宜的施工方法	20	
2	土质堑道坡面绿化技术	正确掌握土质堑道坡面具体绿化技术措施	30	
3	固土护坡草坪的建植方法	正确掌握固土护坡草坪的建植方法	20	
4	固土护坡草坪绿地的养护管理	正确掌握固土护坡草坪绿地的养护管理	30	
合计得分				

思考与练习

1. 如何根据植物目标的形态来确定固土护坡草坪适宜的施工方法？
2. 土质堑道坡面绿化技术的具体内容包括哪些？
3. 固土护坡草坪的建植方法包括哪几项？各有什么特点？
4. 固土护坡草坪绿地的养护管理包括哪几项？

实训八　喷播法建植草坪

一、实训目的

喷播植草是近年来兴起的一项新型草坪建植技术，它采用水泵输送方式，将搅拌均匀

的草种和其他辅料按设计要求喷射到坪床上，这种方法具有机械化程度高，大面积快速植草，可在植物不易成活的土壤基质上建植草坪，草坪出苗整齐均匀，成坪快等特点。通过实训要熟练掌握其操作方法。

二、材料和工具

材料：草坪种子、木纤维、全价缓释肥、保水剂、黏合剂、着色剂、无纺布等。

工具：专用喷播机、自动铺膜机。

三、喷播方法

1. 播前整地

将土壤加沙、加肥后旋耕，耕后精细整平，捡除杂物。

2. 浇水沉降镇压

对整好的坪床进行镇压，镇压后灌一次透水定型，如发现积水或沉降则进行细平整，以至达到设计标准。

3. 喷播

播种前清洗喷播机，避免杂物及非设计草种混入，之后在喷播机罐中加入 1/3 水，按设计比例将喷播纤维、黏合剂、保水剂、肥料、着色剂等加入料罐，在加料过程中开动搅拌机，同时缓慢注水，直到料罐基本加满。最后把称好的草种加入，并搅拌均匀。准备工作完成后，根据地形和播种量选择合适的喷嘴，在专业喷枪使用者指导下用喷枪将搅拌均匀的混合物按设计要求均匀喷洒到坪床上。

喷播视不同草种选择适合的播种季节，但喷播对天气要求不是特别严格，除强风大雨气候外均可作业。

4. 覆盖

由于喷播难以覆土，为提高出苗和保苗率最好进行覆盖，覆盖用专门的覆膜机将一层无纺布均匀覆盖在喷播后的坪床上。

四、综合练习

1. 熟练掌握喷播机的原理和使用方法。

2. 掌握喷播草种和其他材料的配比，能使用喷播机喷播植草。

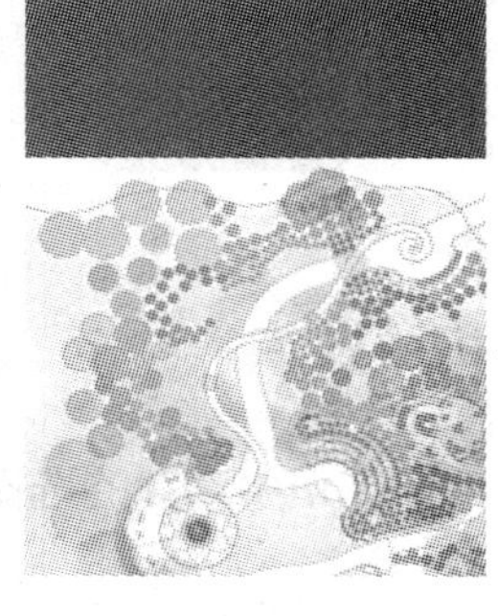

模块六

以草为主体的花坛的制作、养护与管理

课题一

花坛中草花选择与配置

任务目标

◇了解花坛中草花的特点及选择原则

◇掌握花坛中常见草花的配方

任务提出

建植如图 6—1 所示的以草为主体的艺术造型。

图 6—1　以草为主体的艺术造型

任务分析

根据以草为主体的艺术造型中草花及草坪草种的特点及选择原则，选择适宜的草花和草坪草种类型，并制定出花坛中常见草花的配方。

相关知识

一、花坛中草花的选择与配置

目前布置以草为主体的平面花坛或立体花坛中最基本的草种是三色苋。三色苋叶形和叶色多变，不同色彩的变化比较稳定，从而形成不同颜色的品种。在我国应用最多的品种有4个，即绿草、黑草、小叶红和大叶红。绿草全株为绿色，黑草全株为红褐色或黑褐色，大叶红全株为深红色，小叶红全株为鲜红色或粉色。可以以红、绿色中一种色为底色组成各式花样图案和艺术字，或以三色苋一个品种为底色，上面可以栽一些颜色分明的花来组成文字或组成图案，或用颜色分明的花来点缀或镶嵌。配草可用白草，白草全株绿白，在花坛中发挥定向的作用，以三色苋为底色，用白草书写的文字、绘制的图案主题突出，朴实典雅，园林艺术价值更高。点缀或镶嵌的花可因地制宜选用，如在哈尔滨市常选用火绒草、石莲花和天竺葵等，在北京市可选用菊花、月季花、芍药花、鸡冠花、一串红、唐菖蒲、雏菊、美女樱等作点缀或花坛镶嵌材料，在南方多选用美人蕉作大型花坛的中心。

二、花坛中常见草花简介

花坛中主要草花植物应用表见表6—1。

表6—1　　花坛中主要草花植物应用表

植物名称	科属	分布	主要形状	习性特点	繁殖	栽培管理	用途
细叶苔草	莎草科苔草属	华北	植株低矮，整齐，叶狭线形，具匍匐根茎	耐盐碱，耐潮湿	自播、分株	粗放管理	片植常绿针叶林下和阔叶疏林地
东陵苔草	莎草科苔草属	北方乡土草种	绿色期长230天以上，生长缓慢，效果好	耐寒，耐旱，耐阴	分株、播种	粗放管理	片植坡地，是优良护坡地被
细叶结缕草	禾本科结缕草属	我国黄河流域以南等地	呈丛状密集生长，总状花序顶生，花果期6—7月，花期短	喜光，不耐阴，耐湿，耐寒力较差	匍匐茎或带二小草块	需充足水分和肥料	封闭式花坛草坪或作草坪造型
五叶地锦	葡萄科爬山虎属	原产美国。我国广有种植	掌状叶，花小，7—8月开放，卷须长	耐寒亦极耐暑热	扦插、压条	粗放管理	林下片植或点缀假山
三叶木通	木通科木通属	长江流域	半常绿，春花淡紫色，芳香，夏秋红果	喜温暖、湿润半阴，不耐寒	扦插、播种、压条	粗放管理	片植林缘或疏林地

续表

植物名称	科属	分布	主要形状	习性特点	繁殖	栽培管理	用途
多花蔷薇	蔷薇科蔷薇属	华北、华东、华中、华南、西南	5月盛花，芳香，枝蔓长，青茎多刺	耐寒，耐旱，喜阳光	播种、扦插、分株	剪去直立枝	片植林缘和疏林地
东方草莓	蔷薇科草莓属	东北	全株密生茸毛，果实圆锥形，红色	喜光，耐阴，耐旱，耐热，耐寒，与杂草竞争力强	分株	施基肥，选抗病品种	片植林缘或疏林地
蛇莓	蔷薇科蛇莓属	辽宁以南	多年生，匍枝细长，植被紧贴地面，花黄，果半球形鲜红色	耐阴湿，耐贫瘠	分株、播种	野生性强，极其粗放	片植林缘或疏林地
滨旋花	旋花科旋花属	沿海	多年生，地下茎	耐盐碱，生长顽强	扦插、沙埋、播种	粗放管理	为阳性观花、观叶地被
球米草	禾本科球米草属	黄河下游以南	多年生，茎细长，匍地而生，叶披针形，平行脉	极耐阴	分株	野生性强，粗放管理	为常绿观赏地被
菊花脑	菊科菊属	长江流域	枝条细长，绿色期长，花小而密，黄花，花期10—12月	耐修剪，忌潮湿，喜光，耐半阴，耐贫瘠	播种、扦插、分株	定期矮化修剪，定期施肥	河岸边、岩石园片植，花叶并茂
除虫菊	菊科匹菊属	长江流域	白花小而密，花期5—6月，株高40 cm	耐修剪，忌潮湿，喜光，耐半阴，耐贫瘠	播种、扦插、分株	定期矮化修剪，定期施肥	林缘及封闭树坛片植
西洋滨菊	菊科滨菊属	原产欧洲。我国华北广有种植	株高30 cm，花洁白繁茂，花期6—7月	耐寒，喜光，喜肥	播种、扦插、分株	注意施肥，排水	林缘及封闭树坛片植
二月蓝	十字花科诸葛菜属	各地均有栽培	冬季基生，叶草绿色，覆盖地面，蓝色小花，花期3—5月	耐半阴，开花早，花期长，极耐寒	自播	粗放管理	为封闭式树坛冬绿型地被
万寿菊	菊科万寿菊属	我国广有栽培	植株较孔雀草高，花大，花色丰富	耐修剪	播种，扦插	控制高生长	是理想的密集型观花地被

续表

植物名称	科属	分布	主要形状	习性特点	繁殖	栽培管理	用途
细叶万寿菊	菊科 万寿菊属	我国广有栽培	花小而多，花期晚，花枝稠密	耐修剪	播种，扦插	控制高生长	是理想的密集型观花地被
金鸡菊	菊科 金鸡菊属	我国广有栽培	株高 30 cm，花期 6—10 月，花黄色	喜光，耐寒、耐旱	播种	粗放管理	片植草地、路边
雏菊	菊科 雏菊属	我国早春庭园主要花卉	植株低矮，整齐，花梗直立，花色丰富，花期 3—6 月	耐寒，喜肥沃、湿润、排水良好	播种	生长季施追肥，秋后施基肥	是难得的矮生观花地被
蓝目菊	菊科 蓝目菊属	我国广有栽培	叶羽裂，有白毛，外围花白色，中心花蓝紫色，花期 4—6 月	耐寒，忌炎热，喜光	扦插、播种	粗放管理	片植林缘、花境
金盏菊	菊科 金盏菊属	我国广有栽培	二年生，冬天宽大匙形叶覆盖地面，花梗粗壮，花黄色或橘黄，3—5 月开花	耐寒，不耐炎热	播种	粗放管理	片植林缘、花境
长春花	夹竹桃科 长春花属	我国广有栽培	株形开张，花冠高脚碟形，旋转，8—10 月开放	喜温暖，忌潮湿	播种	小苗生长慢，加强肥水管理	片植花境，为观赏地被
三色堇	堇菜科 堇菜属	我国广有栽培	植株低矮，整齐，花形奇特，花色丰富，花期 3—5 月	耐寒，忌炎热，喜肥	播种、扦插、分株	需充足的水分，怕阳光	片植花境、林缘
风铃草	桔梗科 风铃草属	西南	叶基生和对生，总状花序，花冠钟形，5—6 月开放，花蓝紫色、淡红色、白色	耐寒，喜阳，忌炎热	分株、播种、扦插	粗放管理	片植路旁、花境
石竹	石竹科 石竹属	我国广有栽培	株高 20 cm，株直立，簇生花聚伞花序，花色丰富，4—5 月开放	耐寒，不耐炎热	播种、扦插	粗放管理	片植路旁、花境

续表

植物名称	科属	分布	主要形状	习性特点	繁殖	栽培管理	用途
锦葵	锦葵科锦葵属	我国广有栽培	早春植株矮，覆盖地面，叶大，花紫红色有浅色纹，5—6月开放	耐寒	播种	粗放管理	丛植树坛，是早春观叶地被
勿忘草	紫草科勿忘草属	北方	全株被白色毛，株高30 cm，卷伞花序长10 cm，花蓝色	耐寒，喜光，稍耐阴	播种	粗放管理	片植路旁、花境
花菖蒲	鸢尾科鸢尾属	华北野生于湿草甸、沼泽地	根粗壮，匍匐状，花大红色、黄色、白色，5—6月开放	喜肥，忌石灰质	大多分株，亦可播种	需充足水分和肥料	可自成专类地被园
福禄考（小天蓝绣球）	花葱科福禄考属	我国广有栽培	常绿，枝叶密集，叶针状簇生，花红色、蓝色、紫色、粉红色、白色等，花期3—5月	耐寒，喜光，不耐阴，抗热，耐干旱	分株，扦插	粗放管理	是毛毡式观花地被
美女樱	马鞭草科马鞭草属	长江流域以南	植株呈匍匐状分枝，株矮，花色丰富，花期4—12月	不耐寒，冬季长江流域地上部枯萎	扦插、压条	注意浇水	是优良的观花地被

任务实施

完成如图6—1左图所示的艺术造型，需要选择细叶结缕草作为背景，上面栽植颜色分明的金盏菊、三角梅和细叶万寿菊来点缀，绘制出图案。如果需要设置文字图案，可以用福禄考、小叶红等进行组合，突出主题。

完成如图6—1右图所示的广场摆放的“大花篮”花坛造型，则需用绿草、鸡冠花、一串红、金盏菊、大叶红等进行组合，配合不同层次的喷泉，突出主题。

评分标准

序号	考核内容	具体要求	评分标准	得分
1	花坛植物的分类	正确说出花坛植物所属科和属	5	
2	花坛植物的地理分布	正确说明花坛植物原产地及在我国的地理分布	10	

续表

序号	考核内容	具体要求	评分标准	得分
3	花坛植物的生态习性	正确说明花坛植物对环境条件的要求	20	
4	花坛植物的形态特性	正确描述花坛植物茎秆、节、叶片花序、小穗、果实的特性	10	
5	花坛植物的繁殖特点	正确说出花坛植物繁殖特点	20	
6	花坛植物的栽培管理	正确说出花坛植物的栽培管理	15	
7	花坛植物的用途	正确掌握花坛植物的用途	20	
合计得分				

思考与练习

1. 本课题中所列花坛植物适合应用在哪些地区?
2. 除本课题中所列花坛植物外，你还见过哪些植物可以用于花坛建植?
3. 谈一谈你是如何识别本课题中所列花坛植物的?
4. 本课题中所列花坛植物是如何进行繁殖的?
5. 花坛植物在栽培管理上应该注意哪些事项?
6. 谈一谈你所认识的花坛植物的用途。

课题二

花坛施工制作与草坪养护管理

任务目标

◇掌握平面花坛的施工制作工艺

◇掌握立体花坛的施工制作工艺

◇掌握花坛中草坪的常规养护管理技术

任务提出

如图 6—2 和图 6—3 所示是以草为主体的平面花坛和立体花坛景观艺术造型。现要求建造类似的平面花坛和立体花坛，并对花坛进行必要的养护管理。

图 6—2　平面花坛景观艺术造型

图 6—3　立体花坛景观艺术造型

任务分析

想建构以草为主体的花坛艺术造型，首先要了解平面花坛和立体花坛的概念，其次需要掌握平面花坛和立体花坛各自的施工制作程序，最后要能够对花坛进行必要的养护管理。

相关知识

花坛的分类

花坛是指在一定范围的畦地上按照整形式或半整形式的图案栽植观赏植物以表现花卉群体美的园林设施。

花坛有以下几种分类方法：

1. 按形态分类

（1）平面花坛　平面花坛并非在一个水平面上，而是在充分整地、翻土的基础上，按设计要求把各种形状的坛面弄成平面或斜面，在平面或斜面上再弄成起鼓的突面，在其上栽花种草，构成各种纹样和图案，最终完成各种形状的花坛。平面花坛又可按构图形式分为规则式、自然式和混合式 3 种。

（2）立体花坛　立体花坛又名“植物马赛克”，起源于欧洲，是运用不同特性的小灌

木或草本植物，种植在二维或三维立体钢架上而形成的植物艺术造型。它通过巧妙运用各种不同植物的特性，创作出各具特色的艺术形象。立体花坛作品因其千变的造型、多彩的植物包装，外加可以随意搬动，被誉为“城市活雕塑”“植物雕塑”等。

2. 按观赏季节分类

可分为春花坛、夏花坛、秋花坛和冬花坛。

3. 按栽植材料分类

可分为一二年生草花坛、球根花坛、水生花坛、专类花坛（如菊花坛、翠菊花坛）等。

4. 按表现形式分类

可分为花丛花坛和绣花式花坛或模纹花坛。花丛花坛是用中央高、边缘低的花丛组成色块图案，以表现花卉的色彩美。绣花式花坛或模纹花坛以花纹图案取胜，通常是用矮小的具有色彩的观叶植物为主要材料，不受花期的限制，并适当搭配些花朵小而密集的矮生草花，观赏期特别长。

5. 按花坛的运用方式分类

可分为单体花坛、连续花坛和组群花坛。最近几年又出现了移动花坛，移动花坛是由许多盆花组成，适用于铺装地面和装饰室内。

在本书中，主要讲述按形态来分类的平面花坛和立体花坛的制作。

任务实施

一、平面花坛的施工制作

平面花坛的施工制作过程如下：

1. 整地

整地的步骤同常规草坪整地，要进行土壤清理、翻土、施肥、防除杂草等工序。土壤不适宜时要进行土壤改良或换土。

2. 修造顶冠

顶冠为花坛的“龙头”，通常要高出地面 15～30 cm，土壤要疏松，以满足高大草的需求，顶冠小的可单株栽植，顶冠大的可数株栽植，居中构成大簇，然后按设计要求分层栽植其他花草。若用盆花作冠，则需将顶冠的土壤弄平弄实，以便在其上摆放盆花。

3. 放样

放样就是按设计图纸，在坛面上描出纹样、景物和文字，然后再按放样栽植花草。放样时先将坛面按设计的图案划分为几等份，再按设计图将细沙或石灰撒在所划的线上，或用细的木棍、铁丝等划成浅沟。也有先用铁丝、胶合板等做出设计的纹样，再放到坛面上

用以定植花草，这样做图案最为准确，但浪费资材和人工，成本较高，较难实现。

4. 栽植

栽植时要注意不要踩坏坛面，所以要在栽前搭跳板、搁木等，栽时用坚硬的细木棍或特制的木槌、铁槌等扎眼将草栽入，再用手按紧。栽植一定按设计要求，做到整齐一致、坛面平坦。栽植行距视草的大小而定，一般三色苋（包括小叶红、绿草、黑草 3 个品种）为 4～5 cm，大叶红 5～6 cm，平均密度 250～300 株 /m^2。最窄的纹样中，小叶红、绿草、黑草不少于 2 行。栽时要将根疏展开，覆土后按紧、弄平。栽后要浇水，一次浇透，水流要细，以防把所栽之草冲斜或冲倒。

5. 镶边

镶边的材料很多，可因地制宜选择，在北京应用广泛的是各种菊花、芍药花、月季花等，哈尔滨市应用最多的是火绒草、雪叶莲等白色的花草。通常栽 2 行，栽植距离为 10～25 cm。栽后以细水浇透。

二、立体花坛的施工制作

立体花坛的施工制作过程如下：

1. 制作骨架

骨架也叫架子，是花坛立体景物的支撑体，一般要按景物的真实形象，设计出大小、宽窄和高度相适宜的骨架，骨架多采用钢筋、砖石、竹木等材料制成。要充分考虑其承受能力，防止变形或倒塌，若有大型的花瓶、花篮等景物，中间一定要加立柱支撑。再按各部的重量和容易变形的部位，用不同半径的同心圆作横隔，固定在立柱上。在同心圆的外侧，每隔 10～15 cm 处用钢筋固定，再按造型要求做出骨架。各边的尺寸，要小于原设计 8～10 cm。立柱埋入土中深度为 40～50 cm 或更多，而且埋入土中部分要有 2～3 个支撑物来加固骨架。

2. 缠草

在骨架上缠带泥的草把，草通常选用新的小叶章、谷草、稻草等，但不能含有杂草种子，把草蘸上肥沃具黏力的稀泥，再拧成草辫子，层层编缠在骨架上，由下向上缠，厚度一般为 5～10 cm。

3. 抹泥

缠完草后，在其上面抹上调好并加肥料的泥，按设计形状和规格抹平、找好棱角。有条件情况下，可加两层保护网，网可选用专门用于斜坡上的保护网或麻编织网等。

4. 栽草

栽草首先要选好草种，颜色搭配适宜，栽植密度以 350～450 株 /m^2 为宜，栽植时要

比一般的花坛栽草更精细，栽植时要注意苗与立体造型的床面成锐角，这样草的向光性好，根入土较深，抗旱，并且浇水时不易被冲掉。

三、花坛中草坪的养护管理

花坛中草坪的养护与管理包括以下几个方面的内容：

1. 除草

除草一般采用手工拔草，拔草时要用手按住草坪草根，以防带出草坪草。除草时不要踩花坛，最好搭上跳板等。

2. 追肥和浇水

每天浇水 1～2 次，夏季高温天气要增加浇水次数。高大立体景物更要及时浇水，用细孔喷头喷浇，切忌用水管大水喷浇，以防冲刷草坪草。浇水要每次浇匀浇透，但也要防止浇水过多造成烂根。土壤贫瘠，草坪草枝叶发黄时要及时追肥，氮肥用量为 150～225 kg/hm^2，并在施肥后及时浇水，也可将肥料溶于水中，再用肥水浇灌花坛。

3. 修剪

修剪是提高花坛观赏效果的关键措施。平面花坛修剪一般在草坪草恢复生长后剪第一次，修剪时要做到剪平，不能剪到分枝点以下，以防露出地面。第一次剪草后，以后每隔 15～20 天剪 1 次。立体花坛修剪的次数可减少，每月 1～2 次即可，但要修剪精细。修剪一般只限于主体的植物和衬地的草坪草，对于点缀或镶嵌的花草，要根据设计要求适时整枝整形，及时去掉枯叶和凋谢的花。

4. 防治病虫害

防治病虫害参见实训一和实训二。

5. 防止践踏

用于花坛的草坪草如三色苋不耐践踏，要严禁踩踏。

四、注意事项

1. 要维持花坛盛开时的华丽效果，必须经常更换花卉，通常多应用球根花卉及一年生花卉，多年生宿根花卉较少应用。
2. 文字花坛周围应该用图案来装饰。
3. 在道路交叉的广场上，花坛的布置不得妨碍交通。
4. 在坡面上建立花坛时，外围要用木框固定，以防坡体土壤崩落。

评分标准

序号	考核内容	具体要求	评分标准	得分
1	平面花坛的建植过程	正确掌握平面花坛的建植程序	40	
2	立体花坛的建植过程	正确掌握立体花坛的建植程序	40	
3	花坛的养护管理	正确掌握花坛的养护管理措施	20	
合计得分				

思考与练习

1. 平面花坛的建植程序包括哪些？
2. 立体花坛的建植程序包括哪些？
3. 花坛的常规养护管理措施包括哪些？在生产实践中如何操作？

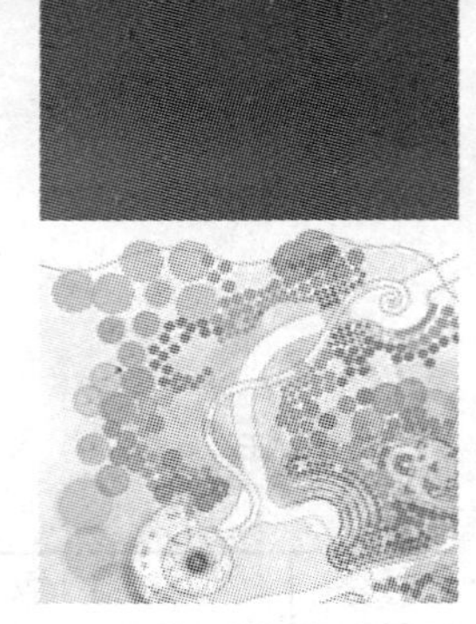

模块七

屋顶花园的草坪建植、养护与管理

课题一

屋顶花园的概念、特点与分类

任务目标

◇掌握屋顶花园的概念与构成要素

◇掌握屋顶花园绿化的特点

◇了解屋顶花园的类型

相关知识

随着高层建筑的建设和新交通形式的出现，城市在屋顶和地面上都能够腾出更多的空间用作绿化，以弥补绿地面积的不足。目前，屋顶花园作为人们对生态破坏加以补偿的好方法而被大力发展。屋顶花园不仅仅是简单的种植屋面，而是集生态效益、娱乐休闲、商业展示、园艺生产及科研于一体的公共游览领域。屋顶花园的建设，使土地得到更有效的利用，使建筑空间更舒适、美观，有效地改善了城市生态环境，在不增加城市用地的情况下，最大限度地扩大了城市绿化范围、提高了绿化覆盖率，对城市景观效果的提升非常显著。

一、屋顶花园的概念与构成要素

1. 屋顶花园的概念

屋顶花园是指在一切建筑物和构筑物的顶部、城围、桥梁、天台、露台或大型人工假山山体等位置上进行的绿化装饰及造园活动。屋顶花园建设的重点是根据屋顶的结构特点及屋顶上的生境条件，选择生态习性与之相适应的植物材料（瓜果、蔬菜、树木、花卉及草坪等），并通过一定的技术艺法，创造丰富的景观效果。

2. 屋顶花园的构成要素

（1）植物　屋顶花园一般应选用比较低矮、根系较浅的植物。

（2）基质　屋顶花园绿化时一般栽植草皮等地被植物的泥土厚度需 10～15 cm；栽植低矮草花的泥土厚度需 20～30 cm；栽植灌木的泥土厚度需 40～50 cm；栽植小乔木的泥土厚度需 60～75 cm。草坪与乔灌木之间以斜坡过渡。

（3）假山　不宜在屋顶上兴建大型可观、可游的以土石为主要材料的假山工程。

（4）水体　各种水体工程是屋顶花园的重要组成部分，形状各异的水池、叠水、喷泉以及观赏鱼池和水生种植池等为屋顶的有限空间提供了精彩的景物。

（5）园路　屋顶花园园路铺装是建在屋顶楼板、隔热保温层和防水层之上的面层。面层下的结构和构造做法一般由建筑设计确定，屋顶花园的园路铺装应在不破坏原屋顶防水、排水体系的前提下，结合屋顶花园的特殊要求进行铺装面层的设计和施工。

（6）雕塑　屋顶花园中设置少量人物、动物、植物、山石以及抽象几何形象的雕塑，可以陶冶游人的情操。

（7）亭廊等园林建筑小品　主要用于点景、休息、遮阴或攀缘植物攀爬，美化和丰富屋顶花园景观。

二、屋顶花园的环境因子

屋顶花园的造园优势是基于屋顶花园高于周围地面而形成的。屋顶花园的环境因子包括空气、土壤、温度、光照、湿度、风及与周围环境的分隔等。

1. 空气

屋顶花园高于地面几米甚至几十米，因此气流通畅清新，污染较少，屋顶空气浊度比地面低，对植物生长有利。

2. 土壤

由于建筑结构承重能力的制约，一般屋顶花园的荷载只能控制在一定范围之内，因此土层厚度不能超出荷载标准。但较薄的种植土层会使土壤极易干燥，造成植物缺水、养分含量较少，因此需要定期添加土壤腐殖质，以保证植物生长。

3. 温度

由于建筑物材料的热容量小，白天接受太阳辐射后迅速升温，晚上受气温变化的影响又迅速降温，致使屋顶上的最高温度和最低温度都要高于和低于地面的最高温度和最低温度。在夏季，屋顶上的气温比地面温度白天高 3～5℃，晚上低 2～3℃。较大的昼夜温差，对植物体内积累有机物十分有利。

4. 光照

屋顶上光照强，接受太阳辐射较多，为植物光合作用提供了良好环境，利于阳性植物的生长发育。如在屋顶上种植的月季花，比在地面上种植的叶片厚实、浓绿、花大色艳，花蕾数增加两倍多。阳性植物春花开放时间提前，秋花期延长。

同时，高层建筑的屋顶上紫外线较多，日照长度比地面显著增加，这就为某些植物，尤其是沙生植物的生长提供了较好的环境。

5. 湿度

屋顶上空气湿度情况差异较大，相对湿度比地面低10%～20%。一般低层建筑上的空气湿度同地面差异很小，而高层建筑上的空气湿度往往明显低于地表。屋顶植物蒸腾作用强，水分蒸发快，更需要保水。

6. 风

屋顶风速比地面大1～2级且易形成强风，对植物生长发育不利。因此，屋顶距地面越高，绿化条件越差。屋顶花园的土层较薄，乔木的根系不能向纵深处生长，因此在选择植物的时候应以浅根系、低矮、抗强风的植物为主。另外，就我国北方而言，春季的强风会使植物干燥，对植物的春季萌发往往造成很大的影响，在选择植物时要充分考虑此因素。

7. 与周围环境的分隔

屋顶花园一般与周围环境相分隔，没有交通车辆干扰，远离道路边上的噪声与车辆尾气，远离大量人流，因而既清静又安全。

基于屋顶的环境特点，屋顶花园中植物应该考虑选择耐旱、抗寒性强的矮灌木和草本植物，阳性、耐瘠薄的浅根性植物，抗风、不易倒伏、耐积水的植物，常绿且冬季能露地越冬的植物，能抵抗空气污染并能吸收污染的植物，容易移植、成活率高、耐修剪、生长较慢的植物，具有较低的养护管理要求的植物。屋顶花园应尽量选用乡土植物，适当引种绿化新品种。

三、屋顶花园的分类

1. 按用途分类

（1）营业型　这类屋顶花园多以个体专业户为主，种植经济价值较高的花木，如仙人球、苏铁、兰花、榕树、蓬莱松和南洋杉等。

（2）家庭型　家庭型屋顶花园一般可种植马铃薯，葱、蒜、韭菜等速生蔬菜，中药材及一些比较好阳耐旱的花木。

（3）观赏型　在学校、医院、机关的楼顶上，种植一些供观赏的花木，绚丽多彩，有利于人们的身心健康。

（4）工厂环保型　城市工厂的生态环境污染问题比较突出，因此，利用楼顶栽种花木，对净化、美化厂区环境，增进员工身心健康有很大的好处。同时，一些花木、蔬菜又是大气污染敏感的“警报器”，植物对大气污染的反应远比人类更加灵敏，可以作为工厂天然的环保监测站。

（5）科研、科普型　在幼儿园及大、中、小学的教学楼、实验楼顶上种植多种花木及蔬菜，可培养青少年对生物的兴趣，使学生获得较全面的科普知识。

2. 按使用功能分类

（1）公共游憩型　这种形式的屋顶花园，除具有绿化效益外，还是一种集活动、游乐为一体的公共场所。应以草坪、小灌木和花卉为主，设置少量座椅及园林小品点缀，园路宜宽，便于人们活动。建在宾馆、酒店的屋顶花园，可以在屋顶花园上开办露天歌舞会、冷饮茶座等，植物配置应以高档、芳香植物为主。

（2）家庭型（居住区）　多层式、阶梯式住宅公寓的屋顶小花园，面积较小，以植物配置为主，一般不设置园林小品，但可以充分利用空间做垂直绿化，还可以进行一些趣味性种植，还原城市早已失去的田园情怀。

还有一类家庭式屋顶小花园为公司写字楼的楼顶，这类小花园主要作为接待客人、洽谈业务、员工休息的场所。这类花园应种植一些名贵花草，布置一些精美的小品，如小水景、小藤架、小凉亭、微型雕塑、小型壁画等。

（3）科研、生产使用型　以科研、生产为目的的屋顶花园，可以设置小型温室，用于培育珍奇花卉品种、引种观赏植物和盆栽瓜果。一般应有必要的设施，规则布局种植池和人行道，形成闭合的、地毯式的种植区。

3. 按建筑结构与屋顶形式分类

（1）坡屋面绿化　坡屋面分为“人”字形坡屋面和单斜坡屋面。在一些低层建筑或平屋面上可采用适应性强、栽培管理粗放的藤本植物，如葛藤、爬山虎、南瓜、葎草、葫芦等。在欧洲，常见建筑屋顶种植草皮，形成绿茵茵的“草房”，让人备感舒适。

（2）平屋面绿化　平屋面在现代建筑中较为普遍，也是发展屋顶花园最为多见的空间。它可以分为以下几种绿化形式：

1）苗圃式。将屋顶作为生产基地，种植蔬菜、中草药、果树、花木和农作物等。甚至可以利用屋顶养殖观赏鱼，建造“空中养殖场”。

2）分散周边式。沿屋顶女儿墙四周设置种植槽，槽深约 0.3～0.5 m。根据植物材料的数量和需要来决定槽宽，最窄的种植槽宽度为 0.3 m，最宽可达 1.5 m 以上。这种布局方式较适合于住宅楼、办公楼和旅店的屋顶花园。在屋顶四周种植高低错落、疏密有致的花木，中间留有人们活动的场所，设置花坛、座椅等，四周绿化还可选用枝叶垂挂的植物，以美化建筑结构。

3）活动（预制）盆栽式。机动性大、布置灵活，这种方式常被家庭采用。

4）庭园式。屋顶绿化中常见的形式，设有树木、花坛、草坪，并配有园林建筑小品，如水池、花架、室外家具等。

4. 按植物的养护管理情况分类

（1）精细型屋顶绿化　包括可供选择的植被和需要环境美化的整个范围。在培植方法的选择上基本没有限制，乔木、灌木、花草等均可选择，是植被绿化与人工造景、亭台楼阁和溪流水榭的完美组合。它具备以下几个特点：①经常养护；②经常灌溉；③从草坪、常绿植物到乔木、灌木均可选择；④整体高度 15～100 cm；⑤重量为 150～1 000 kg/m^2。

精细型屋顶绿化是真正意义上的屋顶花园，从高大的乔木到低矮的灌木再到鲜艳的花朵，植物的选择随心所欲。还可设计休闲场所、运动场地、儿童游乐场、人行道、车行道、池塘和喷泉等。

（2）粗放型屋顶绿化　用于平屋顶及坡屋顶，种植植物以景天属类植物、苔藓和草本植物为主。是介于开敞型屋顶绿化和密集型屋顶绿化之间的一种绿化形式，植物选择趋于复杂，效果也更加美观。它所具备的特点如下：①定期养护；②定期灌溉；③可选择草坪绿化屋顶或灌木绿化屋顶；④整体高度 12～25 cm；⑤重量为 120～250 kg/m^2。

（3）简易精细型屋顶绿化　介于精细绿化和粗放绿化之间的一种绿化形式，种植植物包括花和草本植物以及矮乔木和灌木。

5. 按绿化形式分类

屋顶花园可分为地毯式、花坛式、棚架式、苗床式、花园式、庭园式。

6. 按空间位置分类

屋顶花园分为开敞式、封闭式、半开敞式。

此外，还有按照现代住宅空中花园进行的分类，包括私家型空中花园和公共型空中花园。

评分标准

序号	考核内容	具体要求	评分标准	得分
1	屋顶花园的概念	正确说出屋顶花园的概念	10	
2	屋顶花园的构成要素	正确说出屋顶花园的构成要素	20	
3	屋顶花园绿化的特点	正确说出屋顶花园绿化的特点	20	
4	屋顶花园的分类	能够按照使用功能和植物的养护管理情况来分类，了解屋顶花园的类型，能够简单说出其他分类法中屋顶花园包括的类型	50	
合计得分				

思考与练习

1. 什么是屋顶花园?
2. 屋顶花园的构成要素包括哪些?
3. 屋顶花园绿化具有哪些特点?
4. 屋顶花园分类的标准包括哪些?
5. 按照使用功能和植物的养护管理情况来分，屋顶花园各包括哪几类?

课题二

屋顶花园垂直剖面基本构造及栽培基质

任务目标

◇了解屋顶花园垂直剖面的基本构造
◇掌握屋顶花园防水层及给水与排水系统的建造
◇了解屋顶花园绿化栽培基质的分类及性能

任务提出

如图 7—1 所示为一个屋顶花园垂直剖面的基本构造模拟图。现利用所学知识在北京地区建植类似的屋顶花园，要求其防水层及给水与排水系统建造功能良好、屋顶绿化栽培基质选用合理，满足生产实际需求。

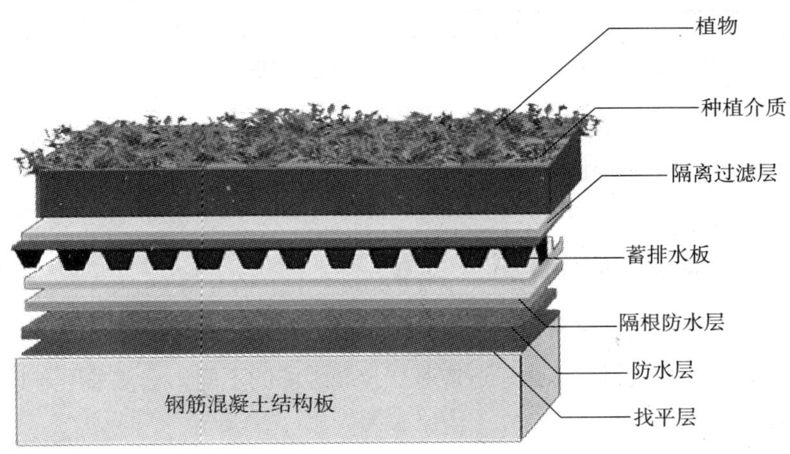

图 7—1　屋顶花园垂直剖面的基本构造

任务分析

要完成该类型屋顶花园的防水层及给水与排水系统的建造、屋顶绿化栽培基质的选用，需要了解屋顶花园垂直剖面的基本构造，掌握屋顶花园给水与排水系统的建造方法，并会选择适宜的屋顶绿化栽培基质。

相关知识

一、屋顶花园垂直剖面的基本构造

1. 屋顶花园的一般垂直剖面基本构造

一般屋顶花园屋面面层结构从上到下依次是：植物和景点层（包括排水口及种植穴、管线预留与找坡）、种植基质层（包括灌溉设施、喷头、置景石）、过滤层、排（蓄）水层、隔根保护层、分离滑动层、屋面防水层、保温隔热层、现浇混凝土楼板或预制空心楼板，如图 7—2 所示。

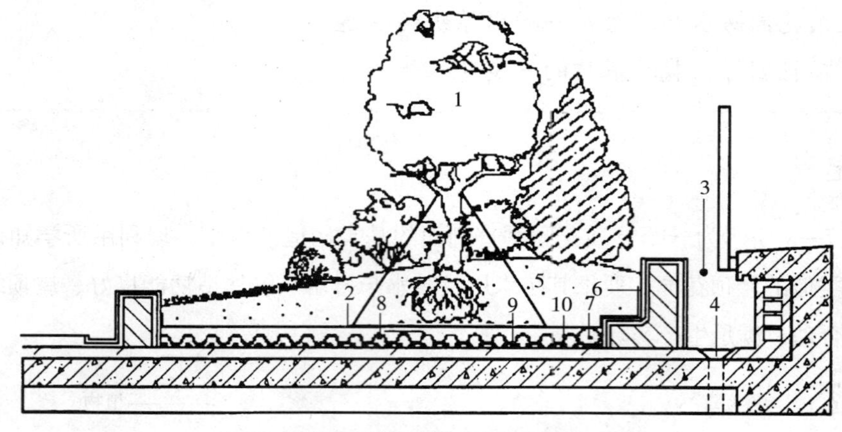

图 7—2 屋顶绿化种植区构造层剖面示意

1—乔木 2—地下树木支架 3—与围护墙之间留出适当间隔或围护墙防水层高度高于基质上表面不小于 15 cm 4—排水口 5—基质层 6—隔离过滤层 7—渗水管 8—排（蓄）水层 9—隔根层 10—分离滑动层

2. 防水材料与防水层的结构

满足基层适应性的防水材料可采用一种或多种材料复合。适应基层的材料多数为涂料和压敏型、蠕变型自粘卷材，但由于适应基层抗裂性能的不同，它常采用与其他防水材料（如卷材类材料）复合的方法。

（1）常用屋顶防水材料

1）APP（无规立构聚丙烯）改性沥青卷材。屋顶花园防水工程中，常使用的两种APP改性沥青卷材如下：

①酯胎基APP改性沥青卷材；

②加有抗根剂的APP改性沥青卷材（抗根卷材）。

2）SBS（苯乙烯—丁二烯—苯乙烯嵌段共聚物）改性沥青卷材。

3）土工膜（HI）PE、LDPE、EVA、ECB。

4）PVC防水卷材聚氯乙烯（PVC）。

（2）防水层构造 防水层的基本构造包括基层封闭层、主防水层和提高加强层3个层次。

其中基层封闭层可以封闭堵塞基面的毛细孔、孔洞和微细裂缝，与基面牢固地黏结，不脱层，具有避拉层（应力缓冲层、应变层）的作用，耐水性好，并具有黏结性能，既是防水层又是主防水层的黏结剂。目前，已有数种材料可适用于封闭层，如反应固化型聚氨酯，反应固化聚合物水泥涂料，双面自粘卷材和改性沥青热熔涂料等。

主防水层应有较高强度和延伸性，较强的抗渗性和耐水性，较大的耐穿刺、耐外力冲击性，良好的耐热性和低温柔性，满足屋面使用功能和耐久性设计的要求。

增强提高层的功能分为局部增强和全面增强2种。屋顶花园在使用功能上有特别的要求，所以屋面的防水层应增强其耐穿刺、耐腐蚀、耐老化等性能，需再增设一道增强防水层或局部设增强防水层。

目前，国内建筑平屋顶的防水做法多采用柔性卷材防水、刚性防水及涂膜防水3种方法。柔性卷材防水屋面适用于防水等级为Ⅰ～Ⅳ级的屋面防水。刚性防水多用于日温差较小的我国南方地区防水等级为Ⅲ级的屋面防水，也可用作防水等级为Ⅰ、Ⅱ级的屋面多道设防中的一道防水层。涂膜防水主要适用于防水等级为Ⅲ、Ⅳ级的屋面防水，也可用作防水等级为Ⅰ、Ⅱ级的屋面多道设防中的一道防水层。

3. 给水与排水

（1）绿化给水 绿化给水通常采用喷灌的形式，也可以采用滴灌的形式。一般窄条块的花坛，可选用离心式或折射式喷头。大面积绿地可选用摇臂式喷头。在机械化操作、美观要求较高或是一些开放式的草坪，则优先选用地埋式喷头。摇臂式和地埋式喷头的水压要求较高，一般需要0.2～0.4 MPa左右。布置有洒水喷头的绿地，要留有喷洒水枪接口，以备人工洒水之用。

（2）绿化排水 屋面的排水系统多采用屋面找坡、设排水沟和排水管的方式解决排水问题，避免积水造成植物根系腐烂。常用以下2种排水方法：

1）软式透水管。软式透水管特别适用于“板面绿化”排水。用于“板面绿化”排水的支管宜选用较小的管径和较密的布置间距，建议采用直径 50 cm 的管径、1%的排水坡度和 2 m 的布置间距。

2）排（蓄）水板。排（蓄）水板与渗水管组成一个有效的疏排水系统，圆柱形的多孔排（蓄）水板与无纺布也组成一个排水系统，从而形成具有渗水、贮水和排水功能的系统。

4. 屋顶花园的节水系统

（1）雨水利用系统 该系统的屋顶材料选择中，关键是植物和种植层土壤类型的选择。植物应根据当地气候条件来确定，还应与土壤类型、厚度相匹配。种植层土壤应选择孔隙率高、密度小、耐冲刷、可供植物生长的洁净、天然或人工材料，最常用的是火山石、浮石等。需要收集雨水时，可在下部布置集水管，集水管周围可适当填塞卵（碎）石。

（2）生态种植屋面复合排水呼吸系统 它采用先进的屋面生态防水换气导水技术，达到顺应自然屋面防水的长期目标。其机理是客土层既是植被的培土层、排水层，又起到吸水、隔绝热量、保护屋面、找坡层或基层的作用。

屋面滤水层所滤下的雨水，通过区间找平层纵横交错的排水槽系统迅速排泄，不会在屋面形成积水，故无水向下渗漏。屋面水箱连通若干根支管，在客土层内分区布置，利用节水灌溉技术，在旱季、夏季给植被层补充水分，有利于植被生长。而植被生长又利于夏季隔热、降低室温，如此形成一个大的生态循环系统。

二、屋顶花园的栽培基质

1. 屋顶花园绿化栽培基质的分类及性能

屋顶花园绿化采用的基质有许多种，包括岩棉、蛭石、珍珠岩、沙、砾石、草炭、稻壳、椰糠、锯末和菌渣等，这些基质加入营养液后，能像土壤一样给植物提供氧气、水、养分和对植物起到支持的作用。

现在屋顶花园绿化种植用的基质大多是复合基质。配制复合基质时，应满足 4 个要求：第一，增加基质的孔隙度。第二，提高基质的保水保肥能力。第三，改善基质的通气性和透水性。第四，提高基质固定植株的能力。在实践中，为同时达到轻质、肥沃、保水、排水等良好的效果，通常是几种基质或和腐殖土混用。常用的屋顶绿化栽培基质配方有以下几种：

（1）土壤和人工轻质骨料（蛭石、珍珠岩、煤渣和泥炭等）组合，按体积比 3：1 或 5：3 配制，容重为 1 000 ~ 1 600 kg/m^3。

（2）黄泥、腐熟有机肥料、珍珠岩人工合成土，按体积比 6：2：2 配制，其容重为

800～1 000 kg/m^3。

（3）东北草炭土、腐熟的锯屑、微生物有机肥、珍珠岩按体积比 5：3：1：1 比例组合方，其干重为 200 kg/m^3，饱和湿容重为 450 kg/m^3。

（4）草炭土、蛭石、沙土按照 7：2：1（体积比）混合，其饱和容重为 780 kg/m^3。

（5）屋顶花园专用营养土，干重为 300 kg/m^2，饱和湿容重为 650 kg/m^3。

（6）根据深圳职业技术学院屋顶建植草坪的实验，配方为泥炭：花泥：沙：椰糠＝3：3：2：1（体积比）的混合基质适合用于屋顶建植唇萼薄荷草坪，配方为泥炭：沙：珍珠岩：椰糠＝2：3：2：2（体积比）的基质适合用于屋顶建植铺地百里香草坪。佛甲草屋顶建坪基质的最优组合是泥炭：花泥：沙：椰糠＝3：3：3：1（体积比）。

2. 栽培基质中的添加剂

使用栽培基质添加剂可以满足植物需要的营养，调节 pH 值，具有增强基质的缓冲作用和提高基质的保肥能力，增加植株吸水和生态杀虫作用。

（1）**肥料**　单一肥料、复合肥料、微量元素肥料、缓释肥料和包衣肥料等所有可能的肥料类型都可以考虑使用。

（2）**碱性添加物**　最常见的碱性添加物是碳酸钙，但碱性添加物却不尽相同。

（3）**缓冲作用添加物**　黏土是最常见的类型，氧化铝在屋顶花园绿化的栽培基质中也比较常用。

（4）**保水添加物**　黏土是使用最广泛的保水添加物，但使用淀粉和纤维素产品也同样可以。海泡石加入屋顶花园的栽培基质中，可明显改良栽培植物的根际环境，提高土壤肥力，提高基质保水供水能力，使植物耐旱性增加，长势旺盛，提高抗病能力。

（5）**生态产品**　许多栽培者和基质生产者在基质中添加能起生态控制作用的添加物。

任务实施

要建造与图 7—1 所示类似的功能良好的屋顶花园防水层及给水与排水系统，选用合理的屋顶绿化栽培基质，需要完成以下工作：

1. 防水层及给水与排水系统的建造

防水层材料选用加有抗根剂的 APP 改性沥青卷材（抗根卷材）。其基层封闭层选用反应固化聚合物水泥涂料。主防水层应有较高强度和延伸性，较强的抗渗性和耐水性，较大的耐穿刺、耐外力冲击性，良好的耐热性和低温柔性。需再增设一道增强防水层或局部设增强防水层。

2. 绿化给水、排水与节水系统的建造

绿化给水采用喷灌的形式，也可以采用滴灌的形式。屋面的排水系统采用屋面找坡、

设排水沟和排水管的方式，避免积水造成植物根系腐烂。屋顶花园的节水系统采用生态种植屋面复合排水呼吸系统。

3. 选用合理的屋顶绿化栽培基质

种植层土壤最常用的栽培基质是天然或人工材料，如火山石、浮石等。需要收集雨水时，可在下部布置集水管，集水管周围可适当填塞卵（碎）石。这些种植层土壤孔隙率高、密度小且耐冲刷，有利于植物洁净生长。选用的栽培基质配方为：土壤和人工轻质骨料（蛭石、珍珠岩、煤渣和泥炭等）组合，按体积比 3∶1 或 5∶3 配制，容重为 1 000～1 600 kg/m^3，有条件的情况下可在屋顶花园的栽培基质中适当加入一定量的海泡石，可明显改良栽培植物的根际环境。

评分标准

序号	考核内容	具体要求	评分标准	得分
1	屋顶花园的一般垂直剖面基本构造	简明扼要说出屋顶花园的一般垂直剖面基本构造	20	
2	屋顶花园的主要防水材料	根据屋顶花园所处外部环境，能够正确选用合适的防水材料	10	
3	屋顶花园的防水层结构	能够正确说出防水层的基本结构	20	
4	屋顶花园的给水与排水系统、节水系统	根据屋顶花园所处外部环境，能够正确指导给水与排水系统、节水系统的建造	30	
5	屋顶花园的栽培基质和添加剂	根据屋顶花园所处外部环境，能够正确选用屋顶花园的栽培基质配方及添加剂	20	
合计得分				

思考与练习

1. 简述屋顶花园的一般垂直剖面基本构造。
2. 屋顶花园的防水材料主要包括哪些？
3. 简述屋顶花园的防水层结构。
4. 简述屋顶花园的给水与排水系统。
5. 屋顶花园的节水系统主要包括哪些？
6. 屋顶花园绿化栽培基质包括哪些？
7. 举例说明屋顶花园绿化栽培基质的配方及其性能。
8. 屋顶花园绿化栽培基质中的添加剂主要包括哪些？

课题三
屋顶花园的草坪建植与养护管理

任务目标

◇了解屋顶花园施工对技术的要求
◇掌握屋顶花园基质层的铺设技术
◇掌握屋顶花园种植植物种类
◇掌握一次成坪佛甲草苗块技术
◇掌握屋顶花园中植物的养护与管理技术

任务提出

如图 7—3 所示为已经建植好的屋顶花园实景图。现要求利用所学知识建植类似的屋顶花园，要求屋顶花园施工技术规范、基质层的铺设经济合理、种植植物种类适应当地气候条件、屋顶花园中植物的养护与管理到位。

图 7—3　屋顶花园实景图

任务分析

要建植类似的屋顶花园，需要掌握屋顶花园施工的技术要求、屋顶花园基质层的铺设技术，选择适宜的屋顶花园种植植物种类，并能够对屋顶花园中的植物进行养护与管理。

相关知识

一、屋顶花园的建植

1. 屋顶花园的施工技术要求

（1）培养基质　屋顶花园的介质土需具有质量轻、保水好、透水的特点。培养基质多采用人工合成的轻质土，如选用一些轻质材料，如普通土壤、腐叶土、蚯蚓土、蛭石、珍珠岩、岩棉、锯木屑、谷壳、稻壳灰、锯木屑、炭渣、泥炭土和泡沫有机树脂制品等，其容重比一般耕土轻许多，且需经过消毒、筛选及腐熟混合而成。

（2）疏水层的处理　采用疏水层材料来解决下雨、浇水时多余水分的过滤、排放问题，防止积水而导致植物根系腐烂。屋顶花园采用喷灌、滴灌等方法“细水长流”，排水系统也需要认真考虑。为防止水分蒸发过快，土壤中还需加入高分子保水剂。

（3）基质层以下严格的防水处理　屋顶花园首先要解决防水问题。目前，国内市场上质优价廉的防水材料种类很多，选择的防水层应该是高强度的，能够经得起一般性的冲击和摩擦。

（4）构筑物材料选择　构筑物使用轻质材料有利于统一管理及组装。凉亭、单边伞、吊床、秋千椅、遮阳伞、庭园椅等，可用实木或铝合金骨架来生产，以减轻屋顶承载重量。

（5）植物选择　植物的生长习性要适合屋顶环境。屋顶花园的造园优势是基于屋顶花园高于周围地面而形成的。屋顶上光照强，接受太阳辐射较多，为植物进行光合作用创造了良好的环境，有利于植物的生长。考虑到屋顶植物受台风等因素影响，选择的植物高度一般不要超过 3 m。

（6）规范施工和管理　成立专门的屋顶花园设计、施工部门规范施工和管理，保证屋顶花园安全、长时间地被有效利用。

2. 铺设基质层并种植植物

屋顶绿化基质荷重应根据湿容重进行核算，不应超过 1 300 kg/m^3，或控制在建筑荷载和基质荷重允许的范围内。各种屋顶绿化技术体系都有特定的基质铺设技术要求，如无土草坪草块常与基质和植被一起铺植。

小型乔木、灌木、草坪、地被植物、攀缘植物等通过移栽、铺设植生带和播种等形式种植在设计的种植区域中。

屋面边缘必须设置 30～50 cm 的隔离带，乔、灌木主干距屋面边界的距离应大于乔、灌木本身的高度。复层绿化时先栽植乔、灌木，后栽植草本植物。根据屋面大小、屋顶出入口位置、周围景观环境、楼层高低，可采取自然式或规则式，也可根据需要设置花坛、

花池、置石、流水、阴棚等。宜采用体量小、质量轻的园林小品，容器栽植应考虑满足植物生长所需的营养面积。

乔木：选择 5～7 年生苗木为宜，宜早春栽植，株行距根据设计要求合理安排。

灌木：选择 1～2 年生苗木为宜，宜早春栽植，株行距根据设计要求合理安排。

草本植物：花草，选择当年生幼苗，宜早春栽植，株行距根据花草植物体的大小情况而具体调整。草坪草，选择 2 年以上草皮或前 1 年的草籽，早春建植或播种，覆盖率为 75%以上。

北京市屋顶花园常用植物见表 7—1。

表 7—1　　北京市屋顶花园常用植物一览表

植物名称	习性及观赏特性	植物名称	习性及观赏特性
乔木			
油松	阳性，耐旱、耐寒。观树形	玉兰	阳性，稍耐阴。观花、叶
华山松	耐阴。观树形	垂枝榆	阳性，极耐旱。观树形
白皮松	阳性，稍耐阴。观树形	紫叶李	阳性，稍耐阴。观花、叶
西安桧	阳性，稍耐阴。观树形	柿树	阳性，耐旱。观果、叶
龙柏	阳性，不耐盐碱。观树形	七叶树	阳性，耐半阴。观树形、叶
桧柏	偏阴性。观树形	鸡爪槭	阳性，喜湿润。观叶
龙爪槐	阳性，稍耐阴。观树形	樱花	喜阳。观花
银杏	阳性，耐旱。观树形、叶	海棠类	阳性，稍耐阴。观花、果
栾树	阳性，稍耐阴。观枝叶、果	山楂	阳性，稍耐阴。观花
灌木			
珍珠梅	喜阴。观花	碧桃类	阳性。观花
大叶黄杨	阳性，耐阴，较耐旱。观叶	迎春	阳性，稍耐阴。观花、叶、枝
小叶黄杨	阳性，稍耐阴。观叶	紫薇①	阳性。观花、叶
凤尾兰	阳性。观花、叶	金银木	耐阴。观花、果
金叶女贞	阳性，稍耐阴。观叶	果石榴	阳性，耐半阴。观花、果、枝
红叶小檗	阳性，稍耐阴。观叶	紫荆①	阳性，耐阴。观花、枝
矮紫杉①	阳性。观树形	平枝栒子	阳性，耐半阴。观果、叶、枝
连翘	阳性，耐半阴。观花、叶	海仙花	阳性，耐半阴。观花
榆叶梅	阳性，耐寒，耐旱。观花	黄栌	阳性，耐半阴，耐旱。观花、叶
紫叶矮樱	阳性。观花、叶	锦带花类	阳性。观花
郁李①	阳性，稍耐阴。观花、果	天目琼花	喜阴。观果
寿星桃	阳性，稍耐阴。观花、叶	流苏	阳性，耐半阴。观花、枝
丁香类	稍耐阴。观花、叶	海州常山	阳性，耐半阴。观花、果

续表

植物名称	习性及观赏特性	植物名称	习性及观赏特性
棣棠[①]	喜半阴。观花、叶、枝	木槿	阳性，耐半阴。观花
红瑞木	阳性。观花、果、枝	蜡梅	阳性，耐半阴。观花
月季类	阳性。观花	黄刺玫	阳性，耐寒，耐旱。观花
大花绣球[①]	阳性，耐半阴。观花	猬实	阳性。观花
地被植物			
玉簪类	喜阴，耐寒、耐热。观花、叶	大花秋葵	阳性。观花
马蔺	阳性。观花、叶	小菊类	阳性。观花
石竹类	阳性，耐寒。观花、叶	芍药[①]	阳性，耐半阴。观花、叶
随意草	阳性。观花	鸢尾类	阳性，耐半阴。观花、叶
铃兰	阳性，耐半阴。观花、叶	萱草类	阳性，耐半阴。观花、叶
荚果蕨[①]	耐半阴。观叶	五叶地锦	喜阴湿。观叶。可匍匐栽植
白三叶	阳性，耐半阴。观叶	景天类	阳性，耐半阴，耐旱。观花、叶
小叶扶芳藤	阳性，耐半阴。观叶。可匍匐栽植	京 8 常春藤[①]	阳性，耐半阴。观叶。可匍匐栽植
沙地柏	阳性，耐半阴。观叶	苔尔曼忍冬[①]	阳性，耐半阴。观花、叶。可匍匐栽植

注：①为在屋顶花园中，需在一定小气候条件下栽培的植物。

资料来源于《北京市屋顶绿化规范》（北京市地方标准 DB11/T281—2005）。

3. 一次成坪佛甲草苗块技术

佛甲草的苗块技术属于一种薄层绿化技术，是将佛甲草进行无土培养成苗块，然后铺设在有排水防水设施的屋顶上。技术的关键仍是基质的配方技术，即以木屑为主由多种原料配制而成。

佛甲草是景天科佛甲草属多年生草本植物，主茎匍匐生长，直径约 3～4 mm，高约 250～400 mm，着地后各节能长出不定根和分枝。凭此伏地蔓延可生出庞大的株丛。叶呈半圆柱状、条形，叶长 10～20 mm。主茎下部节短，根系不发达，是一种耐旱性极强的植物。

铺植采用一次成坪佛甲草苗块技术的屋顶，需要先确定原来防水层的完好，然后铺上 3 cm 厚的栽培基质，再将苗块铺在基质上，最后浇水 1 次，铺植即完成，耐旱时间可长达 1 个月。此后不再采取浇水、施肥、防病虫等措施，可任其自然生长。

佛甲草在生长成园时，排列整齐，高矮基本一致（100～200 mm），株距密集，枝繁叶茂，每平方米 5 000～8 000 株，保持自然平整，给人以朴实之美感，无须修剪。

佛甲草四季常绿，春、夏两季开黄花，有较高的观赏价值。

二、屋顶花园中植物的养护管理

屋顶花园建成后的养护，主要是指花园主体景物的各类地被、花卉和树木的养护管理。还有屋顶上的水电设施和屋顶防水、排水等的管理工作。这项工作一般应由有园林绿化种植管理经验的专职人员来承担。

在屋面种植植物对种植介质、苗床做法、植物品种选择及栽种后的维护要求都非常高，没有专门的种植技术很难保证屋面四季常绿。设计时无论选用屋顶种植隔热屋面，还是选用蓄水覆土种植隔热屋面，都要注意种植屋面必须按图施工，选择种植介质到位，把好植物品种关，注重植物配置，选择生长健壮、适应性强、浅根系、体量小、生长缓慢、耐修剪、管理方便的植物。

1. 浇水

屋顶因光照强、风大，导致植物的蒸腾量大、易失水。夏季高温，易发生日灼、枝条干枯等现象，必须经常浇水来缓解干燥气候，在夏季高温季节，应注意早、晚浇水，加大浇灌量，不可断水，以创造较高的空气湿度。花池土层薄，浇水量一定要控制好，要经常进行叶面喷洒，既可保持植物水分平衡，又可降低温度。

2. 疏排水

从目前建成的屋顶花园来看，屋顶渗水影响到下层居民的生活是普遍存在的一个问题，特别是在旧建筑物上增建的屋顶花园中更为突出。所以，应及时清除排水口的垃圾，做好定期清洁、疏导工作。特别要注意，勿使植物的枝叶和泥沙混入排水管道，造成排水管道的堵塞。

3. 合理施肥

刚移栽的植物根系因受到不同程度的损伤，当年施肥量应少。多采用叶面喷肥，施肥常采用复合肥。

4. 修剪

屋顶花园中一些植物基部易发生落叶或干枯现象，有的会长出徒长枝，这时要及时对植物进行修剪，控制植物生长体量，以保持植物的优美外形，减少养分的消耗，使其不破坏设计意图。另外，屋顶风大，体量过大对植物生长不利，而且由于根冠平衡的原理，可以通过对树木花卉的整形修剪抑制其根部的生长，减少根系对防水层的破坏。

（1）乔木　栽植满 3 年后，开始每年早春进行修剪，主要剪除枯枝和变形枝，将整体树冠修成圆形或卵形。树体大或老化时，可以随时更新。

（2）灌木　栽植满 2 年后，开始每年早春进行修剪，主要剪除枯枝和变形枝及顶芽，将树冠修成圆形或椭圆形。树体大或老化、开花率低时，可以随时更新。

（3）草本植物花草　不必进行修剪，但每年植物发芽前应清理枯枝落叶。草坪建植后当年修剪 1～2 次，第 2 年开始每年春季、夏季、秋季各进行 1～2 次修剪，保持高度 5～7 cm。如果产生枯死应及时补植。

5. 杂草及病虫害防治

在屋顶花园草坪中，常常会有杂草侵入，杂草一旦侵入，往往会形成优势种，破坏原来的景观。如上海常见的入侵植物有水花生、加拿大一枝黄花和鸟嗜植物构树等，需要及时将之清除，以免对其他植物生存造成危害。可以结合修剪防治病虫害，发生病虫害时及时对症喷药，并修剪病虫枝。

6. 越冬

北方冬季应注意保证植物正常越冬，要采取一定防冻措施。特别是要及时清除积雪，防止大雪压坏树苗。

屋顶上的水电设施和屋顶防水、排水等的管理工作一般应由有园林绿化种植管理经验的专职人员来承担。

任务实施

完成如图 7—1 所示屋顶花园的建植，具体工作如下：屋顶花园中屋顶绿化基质荷重不应超过 1 300 kg/m^3，或控制在建筑荷载和基质荷重允许的范围内。小型乔木、灌木、草坪、地被植物、攀缘植物等通过移栽、铺设植生带和播种等形式种植在设计的种植区域中。屋面边缘必须设置 30～50 cm 的隔离带，用体量小、质量轻的园林小品装饰。容器栽植应考虑满足植物生长所需的营养面积，其中乔木选择 5～7 年生苗木、灌木选择 1～2 年生苗木、草本花草植物选择当年生幼苗、草坪草选择 2 年以上草皮或前 1 年的草籽。

屋顶花园中植物的养护管理具体可参考本课题相关内容。此外，屋顶上的水电设施和屋顶防水、排水等的管理工作一般应由有园林绿化种植管理经验的专职人员来承担。

评分标准

序号	考核内容	具体要求	评分标准	得分
1	屋顶花园施工技术要求	正确掌握屋顶花园施工对技术的要求	20	
2	屋顶花园基质层的铺设技术	正确掌握屋顶花园基质层的铺设技术	20	
3	屋顶花园种植植物种类	根据屋顶花园建造环境，正确选出种植植物的种类	20	
4	一次成坪佛甲草苗块技术	正确掌握一次成坪佛甲草苗块技术	10	

续表

序号	考核内容	具体要求	评分标准	得分
5	屋顶花园中植物的养护与管理技术	根据屋顶花园建造环境，正确掌握屋顶花园中植物的养护与管理技术	30	
合计得分				

思考与练习

1. 屋顶花园施工对技术有哪些要求？
2. 简述屋顶花园基质层铺设技术。
3. 简述屋顶花园种植植物种类。
4. 结合屋顶花园建造环境，分析自己所在区域应该选择的种植植物种类。
5. 简述一次成坪佛甲草苗块技术。
6. 结合自己所在区域，谈谈如何养护管理屋顶花园中的植物。

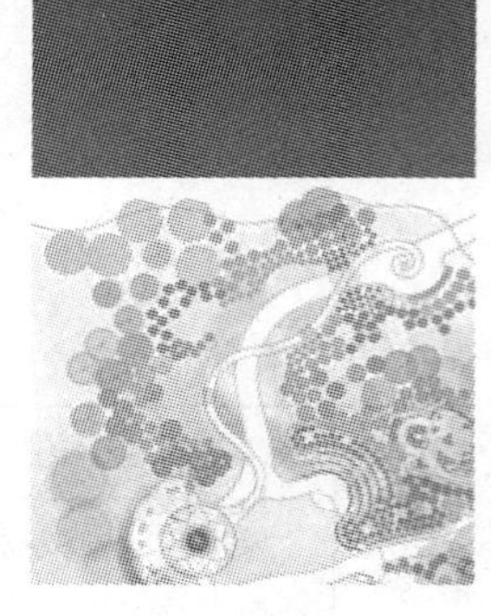

模块八

草皮生产

课题一

草皮建植

任务目标

◇掌握草皮建植的步骤及方法

◇掌握草皮与草坪建植的不同点

任务提出

根据所学知识，生产出如图 8—1 所示均一性、生根能力和综合质量均较好的草皮。

图 8—1　成片草皮

任务分析

草皮的建植过程涉及土壤整理和改良、草种的选择、草皮种植等环节。要想生产出质量上乘的草皮，必须严格把握建坪之初的草皮块质量，否则会对将来的草坪形成、管理等方面产生严重影响。

相关知识

一、草皮的概念及种类

草皮是指草地上可以剥离，并可移植到他处，生长成草坪的前期产品，是由草坪草的叶、茎、根和附带的土壤构成，其最大的特点是可移植性。草皮是专门用于快速植草的商品型草坪，不具有艺术设计构造。因此，草皮作为建坪材料，在最短的时间内可为用户提供舒适、柔软、清洁、美丽的草坪，一旦被固定于某一场所并具有一定的设计结构时就不再称为草皮，而称为草坪。

草皮按其来源可分为：天然草皮和人工草皮。天然草皮取自于天然草地，通常将自然生长的草地进行修剪，然后根据要求铲为规定大小形状的草皮，以供出售或自用。这类草皮管理较为粗放，一般用于水土保持或道路绿化的铺植。人工草皮是指用种子直播或营养繁殖方法建成的草皮，管理要求比较精细，因此，人工草皮质量好，整齐美观，可以满足不同客户的需求。

二、草皮的种植生产

1. 草皮生产的土壤

土壤是生产草皮的重要条件之一，土壤不但提供草坪草根系所需的氧气、养分和水分，而且土壤的性质直接影响草坪草的生长、草坪的使用和养护管理。

生产草皮对土壤的基本要求是要了解供选场地的土壤质地，土壤的质地主要是指土壤中沙粒、粉粒和黏粒的含量比例，根据各粒级土粒数量比把土壤大概分为沙质土、壤质土和黏质土 3 种基本质地类别。沙质土的保水和保肥能力很差，养分含量少，土温变化较大，但通气透水性良好，可用于高强度管理的草坪，如高尔夫球场的果岭坪床。黏质土的保水与保肥能力较强，养分含量较丰富，土温变化小，但通气透水性差，干时硬结，湿时泥泞，不利于草坪草的生长和草坪的管理。壤质土是介于沙土与黏土之间的一种土壤类型，在性质上也兼有沙土和黏土的优点，通气透水能力强，保水能力较好，适于各种草坪草的生长，是种植草坪草的理想土壤质地类型，可适于草皮生产。

土壤酸碱度是反映土壤溶液中氢离子浓度和土壤胶体上交换性氢、铝离子数量状况的一种化学性质。土壤酸碱度的指标是 pH 值，测定土壤 pH 值通常用 pH 计，也可用 pH 指示剂或 pH 试纸进行比色测定。根据土壤 pH 值的大小，可将土壤分为 5 级：强酸性土壤，pH 值 <5；酸性土壤，pH 值为 5～6.5；中性土壤，pH 值为 6.5～7.5；碱性土壤，pH 值为 7.5～8.5；强碱性土壤，pH 值 >8.5。不同草坪草对土壤酸碱度的适应能力不同，但在建植草坪草生产时一般以中性土壤为宜。

生产草皮的最适土壤类型为壤土，最适 pH 值为 6～7，是中性或弱酸性。在降水量较大和较集中的地区为了保持土壤良好的排水性能，常通过掺沙、旋耕将 0～30 cm 土层的土壤改良为沙壤土。草皮生产要求土壤不要沙性过大，以便于成卷。

土壤的整理和改良包括以下 2 点：

（1）**选择和清理场地**　草皮生产场地要求平坦、开阔，光照充足，同时要便于运输。选好场地后要清除场地中的植物残体、杂草及石块等。所选场地要考虑到草坪草耐阴性较差，应避免光照不足，光照不足会导致植物向上生长以获得较多的光照，从而削弱了根系的生长，不利于草皮的快速生产，延长草皮生产周期，降低草皮质量。

（2）**整地及土壤改良**　生产草皮土地的整理与常规草坪整地的方法一样。先将土块破碎，然后原地除高填低，要求达到地面平整一致。在整地前最好进行土壤测试，测出土壤的肥力状况，了解缺乏的营养元素，以便准确制订土壤改良与施肥计划。草皮的生产对土壤的要求要高于普通草坪建植的要求，为了能迅速生产出高质量的草皮，需进行土壤改良。通常将肥料与土壤改良剂在进行土壤旋耕时加入，旋耕后要耙平并轻轻镇压沉降，要求达到地面平整一致，土壤表面疏松，下层湿润。在草皮的生产中磷肥尤其重要，因为磷肥能促进草坪草生根。

2. 草种的选择

用于生产草皮的草种应该是具有扩展性的根茎型或匍匐茎型的草坪草，其根茎或匍匐茎越发达，形成草皮的强度就越强。草种的选择一般是依据所建植成草坪的利用目的进行选择，并且要与当地的气候土壤条件相适宜，还要考虑草皮的持久性、品质及对杂草、病虫害抗性好坏等问题。各类草坪草具有不同的基因型，因此对环境表现出不同的适应特性。如翦股颖有致密的匍匐茎使之盘结在一起，适用于高尔夫球场；草地早熟禾具短根状茎，能紧密盘结在一起，适用于庭园和其他普通绿地；多年生黑麦草和高羊茅属于丛生型，通常不适用于草皮生产，只有在与草地早熟禾混播或在生产草皮加网时使用；暖地型草坪草大多数都能用于生产草皮；狗牙根应用较为广泛，因其具有较强的根茎和匍匐茎；结缕草、假俭草和地毯草等都是可供选择生产草皮的草种。

草种选择的关键是在满足各类草坪使用所需要的前提下，依据草皮的生长环境条件选择合适的草种，也可多个品种进行混合或几个草种进行混播。生产草皮或建植绿地的目的在于美化环境和保护环境，因而选择草坪草时要着重考虑其株丛形态、颜色、绿色期、再生性、覆盖性、对环境的适应性以及抗性等方面。所选择的种子的净度应在 98% 以上；耐阴喜光，能适应多种气候；生产成本及管理费用低，适合用户的需求；种子发芽速度快且均一性强，幼苗健壮，形成草坪速度快；根茎连续生长特性好；耐修剪、耐践踏、耐磨性好。

草种的选择可从以下几个方面着手进行：

（1）种子纯度：种子不应含杂草种子和机械杂物，纯净度应在98%以上。

（2）种子重量：重的种子萌芽力强，并利于播种。

（3）发芽：速度快且一致性强。

（4）幼苗健壮：具苗期生长优势，且能很快形成致密草坪。

（5）根茎：生长快，具连续生长特性。

（6）抗病力：抗当地流行的主要病害。

（7）生长季长：能从早春生长到冬季。

（8）公众的接受力：知名的草皮公众较容易接受。

（9）管理水平：具有较高的适应肥力和较大的修剪范围。

（10）对环境因子的适宜幅度：耐阴喜光，能适应多种气候。

3. 草皮的繁殖

草皮的繁殖方法有种子繁殖和营养繁殖 2 种方法。

（1）种子繁殖

1）播种时间。暖地型草坪草，以春末或夏初为最佳播种期，冷地型草坪草最适宜的播种时间是春末或初秋，一般均温在 15℃以上有利于种子迅速发芽和幼苗旺盛生长，这样的气候条件均可播种。但是秋播时不宜过晚，否则幼苗不能越冬。

2）播种量。草皮生产的播种量一般因种子质量、土壤状况、播种时间以及不同的用途而定。播种量过小会降低草皮的出圃速度，增加管理难度。播种量过大会因密度高而易发生病害，也会因为种子间的竞争消耗而延迟草皮成熟，同时也会浪费种子，增加生产成本。一般普通草坪的播种量低，而运动场草坪的播种量高。需要春季播种并要缩短草皮生产的周期则要加大播种量，如果秋季播种，播种量则相对小一些。作为草皮生产基地，播种量要比普通草坪绿地的播种量略大。

确定播种量的尺度是以足够数量的活种子确保单位面积上幼苗的额定株数，即每平方厘米 1 株幼苗。

3）播种方法。有人工播种和机器播种 2 种。为了达到均匀一致播种，可将播种地划分成若干个等面积的小块，将种子按播种地的面积分开，分别播种。播种时要相互垂直重复播 2～3 遍，播种深度以 1～2 cm 为宜。

通常种子繁殖所需的生产成本低、劳动力费用少，但生产草皮所需的时间较长。营养繁殖成本相对较高，但形成草皮的时间相对较短。有些种子，如匍茎翦股颖使用上述两种方法均可获得优良草皮，而一些草坪草因不易获得种子或缺乏足够的扩展延伸能力而不能进行种子繁殖。

（2）营养繁殖　许多暖地型草坪草种子发芽率低，或者种子产量很低甚至不能结种，常常通过营养繁殖方法来生产草皮，其最大的特点是生产草皮迅速。通过营养繁殖生产草皮的方法有草块塞植和茎段栽植等方法。在进行营养繁殖之前也要进行整地和土壤改良，方法与直播建坪相同。营养繁殖的时间不限，早春至晚秋均可进行。

1）草块塞植。将起出的草皮人工切割成 5 cm × 5 cm 的小块，在坪床上按一定的间距成行塞植，栽植的间距视栽植的时间和要求而定。

2）匍匐茎段栽植。栽种匍匐茎是较为常见的一种方法。匍匐茎是草坪草地上部分水平生长蔓延的枝条，每枝上有几个茎节，每个茎节上都有能生长出新枝条的芽。栽种匍匐茎，需将匍匐茎按茎节切成小段，然后将茎段均匀地撒播于事先整理好的场地，在其上面覆盖土层的厚度不得超过 5 cm，否则匍匐茎就不易存活。匍匐茎的栽种量应根据草坪草的种类和对草皮生长速度的要求来确定，一般比例为 1∶10 左右，也就是说，从单位面积草坪上收获的匍匐茎可以栽种 20 倍的草皮面积。覆盖壤土后要进行磙压，栽种后要立即浇水，未栽种的匍匐茎要保持湿润。

（3）加网草皮　近年来，加网技术在草皮生产中变得越来越重要。加网可以使草坪草在达到足够的韧性以形成草皮前，很早就可以移植和生根。草皮的韧性取决于根茎和分蘖，根系对草皮的韧性所起的作用较少。在根茎和分蘖还未完全发育好时，塑料网可以提高草皮的强度，有助于加强草皮的抗撕拉能力。加网可以将草皮收获的时间提早 25% 以上。

在播种床上放置尼龙细网可以加快草坪的形成，并能增加草皮的抗性强度。在塑料膜上生产的草皮，亦能提高草皮强度。草皮生产网是用在土壤表面的一种专门化的草皮生产方法。加网较为困难，尤其是在大面积生产草皮时。加网的最初功能是用于丛生型的通常很难形成草皮的草种，如生产苇状羊茅草皮通常要加网，目的是使草坪草能够盘结在一起。用加网生产的草皮可提早出圃，这样一般在一年内可生产两茬。

任务实施

完成均一性、生根能力和综合质量均较好草皮的生产过程如下：

1. 规划市场和销售计划

在草皮生产实施前就应进行市场调查，并制订相应的销售计划。

2. 坪床清理

坪床应不含杂草种子和有害物质，并使之达到草皮生产标准。

3. 选择草种

如果生产高尔夫球场果岭部位专用草皮，在北方地区可选择匍茎翦股颖，在南方地区则可选择杂交狗牙根，它们有致密的匍匐茎使之盘结在一起，比较耐践踏。如果生产庭园和其他普通绿地用草皮，在北方地区宜选择草地早熟禾，因其具短根状茎，能紧密盘结在一起，南方地区宜选择各种暖地型草坪草，包括狗牙根、结缕草、假俭草和地毯草等，因为暖地型草坪草大多数都具有较强的根茎和匍匐茎，能用于生产草皮。

4. 清选种子

草种选择适当后，要保证种子的纯净度和发芽率达到建坪要求。具体要求见表 8—1。

表 8—1　部分草坪草种子的纯净度和发芽率标准

草种	最小纯度（重度 %）	最低发芽率（数量 %）
草地早熟禾	82	75
紫羊茅	97	85
细弱翦股颖	97	85
普通早熟禾	90	80
小糠草	92	90
高羊茅	95	85
一年生黑麦草	97	85
白三叶	95	85
多年生黑麦草	97	85

5. 改善草种组合

选择抗病力强、对环境条件具较宽适应幅度的品种进行混合播种。在北方地区宜选择草地早熟禾、多年生黑麦草和高羊茅混播或在生产草皮时用加网的方式种植。在南方地区宜选择 70%狗牙根 +20%地毯草或结缕草 +10%多年生黑麦草的混播方案。

6. 播种量适中

过密的幼苗将影响以后草坪根茎的发展。有生活力的种子应占总播种量的 85%，这样保存下来的幼苗可达 30%。具体播种量见模块一表 1—1 中常见草坪草的播种量。

7. 播种均匀

在良好无风的天气条件下，采用多次、交叉播种，使种子在坪床内分散均匀，并进行覆盖。

8. 在恶劣气候期之前建坪

如在冬季冰冻之前、夏季干热期前和杂草生长季前建坪，要避免干燥的表土。

评分标准

序号	考核内容	具体要求	评分标准	得分
1	草皮的概念和种类	正确说出草皮的概念和种类	20	
2	草皮种植过程中对土壤的要求	正确掌握坪床的整理、土壤的改良方法	30	
3	选择种植草皮草种的原则	正确掌握选择种植草皮草种的原则	20	
4	种植草皮的繁殖方式	正确掌握草皮的繁殖方式	30	
合计得分				

思考与练习

1. 什么叫草皮？草皮包括哪些种类？
2. 草皮种植过程中对土壤有哪些要求？
3. 草皮种植过程中对草坪种子的选择有哪些要求？
4. 草皮种植方式包括哪几种？
5. 什么是加网草皮？有何优点？

课题二

草皮养护管理

任务目标

◇掌握草皮的养护方法

任务提出

利用所学知识对已经种植出来的草皮进行常规养护管理，要求达到出售标准。

任务分析

生产草皮的草圃养护管理的水平越高，草皮的质量就越好。因此，要对草皮进行定期的养护管理。草皮生产中常规的养护管理包括修剪、施肥、灌溉、喷洒及防除杂草等内容。

任务实施

一、草皮的播后管理

1. 采用种子繁殖生产出来的草皮播后管理

（1）镇压　播种后用特制的磙子按交叉方向磙压 2 遍，使种子与土壤紧密结合，便于种子充分地吸收水分。

（2）浇水　在草皮生产中最好用地上可移动式喷灌系统浇水，便于起草皮。同时为了使根系在土壤表层快速地形成密集的根层以便于尽快地起草皮，以防止草皮受干旱胁迫，应尽量保持草皮湿润。草坪草种子较小、播种深度又浅，在种子萌发过程中一定要时刻保持上层土壤湿润。在出苗之前要每天清晨或傍晚浇 1 次水，以浇透为准。在 3～5 片叶子时，可视土壤和当地气候情况每 3～4 天浇 1 次水，5 叶期以后可 1 周浇 1 次水。

2. 采用匍匐茎段栽植繁殖生产出来的草皮播后管理

覆盖壤土后要进行磙压，以利于匍匐茎与土壤更紧密地结合。栽种匍匐茎的过程中，灌水是很重要的。因为匍匐茎是种在半干半湿的土壤中，失水速度很快，在炎热的天气，栽种的匍匐茎 1 小时后如未浇水，就可能会出现过度失水、萎蔫死亡等问题。因此，栽种后要立即浇水，未栽种的匍匐茎要保持湿润。

3. 加网草皮播后管理

在春秋季节，气温适宜时期，可利用聚丙烯编织片，进行加网草皮的播种。但在高温季节使用聚丙烯编织片，如果浇水不及时或浇水量不适，就很容易使土壤过于干燥而使小苗死亡或使土壤过湿而引起病害，所以在高温季节应选用纱网作隔离物。聚丙烯编织物可割成 0.5～1 m^2 的小块，顺次平展地铺在坪床上，纱网可直接铺在坪床上。铺好后在上面覆盖 2～5 cm 厚的掺过肥料的土。

二、生产草皮的草圃常规养护管理措施

包括定期进行修剪、施肥、灌溉、喷洒农药、防除杂草等。

1. 修剪

修剪有利于促进草坪草地下组织生长和尽早收获草皮。在草皮生产中，草坪的修剪高度要高于普通草坪的修剪高度，通常为 8～10 cm，这样有利于绿色组织进行更多的光合作用，促进根部的生长发育。但在草皮收获前，适当的低修剪，因减少叶面积，降低了草皮的蒸腾作用而有利于新坪的成活，同时抑制了收获后的草皮发热。

以草地早熟禾为主的草皮每 3 天修剪 1 次，修剪高度应为 1.5～2.5 cm。以黑麦草为主的草皮每 4 天修剪 1 次，修剪高度应为 2.8～3.6 cm。以结缕草为主的草皮每 5 天修剪

1次，修剪高度应为2.2～2.8 cm。以狗牙根为主的草皮每2天修剪1次，修剪高度应为0.6～1 cm。以翦股颖为主的草皮每2天修剪1次，修剪高度应为1.2～1.8 cm。草皮的修剪一般很难按照预定的时间进行，通常要根据客户的需要和天气情况来安排具体的修剪工作。

2. 施肥

维持草皮土壤的营养平衡是在最短的时间内有效地生产出成熟草皮的关键。施肥的比例要适宜，施肥量要根据草坪草种、土壤类型、降雨、灌溉等因素确定。注意不能施用过多的氮肥，否则不利于根的生长，并且不能为了利于茎叶的生长而增加修剪次数，以免导致养护费用加大。施氮肥要与施磷、钾肥配合使用，化肥要少量多次重复使用，这样可以保证草皮均衡的生长，直到形成致密成熟的草皮为止。基肥氮：磷：钾 =2：1：1，追肥氮：磷：钾 =6：1：3。在草皮收获前2～3周内避免施肥。暖地型草坪草施氮量应为每生长月24.7～49.4 kg/hm^2。冷地型草坪草施氮量应为每生长月145.7～244.4 kg/hm^2。

3. 浇水

最好用地上可移动式喷灌系统进行灌溉，在收获草皮时把其移走。灌溉量要依据当地气候条件确定。

4. 病虫害防治

草皮病虫害的防治详见实训二。

5. 杂草防除

杂草的防除详见实训一。

6. 持续生产

草皮收获后，应及时进行表土平整，并用旋转式播种机播种，当天灌水，使残留根茎继续形成草皮。

7. 改良土壤

草皮收获后至新草皮播种前，应重视施肥，尤其应增加有机肥料，以利于土壤改良。如能补施泥炭、淤泥将有利于以后草皮的生产。

评分标准

序号	考核内容	具体要求	评分标准	得分
1	草皮生产中常规的养护管理	正确掌握草皮生产中常规的养护管理措施	20	
2	采用种子繁殖生产出来的草皮播后管理	正确掌握用种子繁殖生产出来的草皮播后管理措施	30	
3	采用匍匐茎段栽植繁殖生产出来的草皮播后管理	正确掌握用匍匐茎段栽植繁殖生产出来的草皮播后管理措施	30	

续表

序号	考核内容	具体要求	评分标准	得分
4	加网草皮播后管理	正确掌握加网草皮播后管理措施	20	
合计得分				

思考与练习

1. 草皮生产中常规的养护管理措施包括哪些?

2. 采用种子繁殖、匍匐茎段栽植繁殖和加网方式生产出来的草皮，在播后管理上各有哪些特点?

课题三

草皮起运与铺植

任务目标

◇掌握草皮的起运方法

◇掌握草皮的铺植方法

任务提出

如图 8—2 所示为一块正在进行收获的草皮，如图 8—3 所示为一块已经整理好待铺植草皮的场地。现要求对已经成熟的草皮进行收获，并且把收获的草皮铺植在已经准备好的施工场地上。

图 8—2　草皮的收获

图 8—3　已经整理好待铺植草皮的场地

任务分析

要完成草皮的收获和铺植，需要了解草皮收获前、收获中和收获后所要进行的各项工作，以及收获后的草皮如何进行铺植的问题。

相关知识

一、草皮收获

1. 修剪的高度与频率

草皮出圃是一个时效性很强的工作，关系到铺设后定植的成功与否。草皮收获前 1 个月，重点工作是对草皮进行修剪，使收获时的草皮高度均一，颜色处于最佳状态，草皮密度好，没有杂草和病虫害，目的是使草皮更加美观。草皮的修剪最好用辊刀式剪草机进行修剪，采用少量多次的修剪方法。修剪的高度与频率因草坪草的种类不同而异，详见本模块课题二。

2. 施肥

为了增强草皮的颜色，一般要在草皮上进行施肥。但在收获的前 1 周不要施氮肥，因为在这时施用氮肥有可能将草皮灼伤，并且残留在草皮卷中的铵或尿素挥发后会影响草坪草的生长，造成对草皮质量的影响。如果草皮的颜色确实需要改善，可在收获 72 h 前施用二价硫酸盐，一般不会对草皮卷造成危害，约在 1 周后草坪的颜色会明显改善，但应注意也存在对草皮灼伤的可能。

3. 水分

成熟草皮地下部根系生长充分，形成以根交织成的网。在收获时土壤湿度要适中，过湿会增加草皮的重量而导致收获的难度加大和运输费用的增加，还会带来草坪管理上的问题，过干则增加起草皮的阻力和费用的投入，同时降低草坪的质量。

4. 草皮切割厚度

草皮的厚度对于草皮的再生产、铺设和销售均有重要影响，草皮切割的厚度取决于草种、床土的平整度、土壤类型、草皮密度、地下茎的数量及根系的发育状况，强度差和稀疏的草皮应起得厚一些。通常像草地早熟禾、狗牙根和结缕草的草皮厚 1.3～2.1 cm，紫羊茅厚为 1.8～2.5 cm，翦股颖厚为 0.8 cm，假俭草厚为 2.1～3.3 cm。如果切割得太厚，对草皮的生根不利。切割得太薄，草皮保持水分的能力会显著下降，草皮在铺植之前很难保持新鲜。草皮的形状可依据草皮机的类型、草皮的草种组成和生产的需要而做成块状或条状，草皮块可堆叠起来运输，条状则可卷成草皮卷运输，通常长 50～150 cm、宽

30～150 cm 的草皮比较便于运输和铺植。草皮应在低温、潮湿的条件下暂时保存，运输时应用帆布盖住顶部，以减少水分的蒸发，亦要防止内部温度的上升而造成草皮的霉烂和伤害，一般应在起后 48 h 内完成铺植。

5. 起草皮所用设备

起草皮有专用的设备—起草皮机，有推行式和牵引式 2 种。它的切割部由一个在地下的往复式刀片组成。垂直刀片是通过车轮或滚轴在草皮的表面上滚动，将草皮按均一的长度切断。最简单的起草皮机仅仅是将草皮切下来，有些则能将草皮卷起来，否则就需要人工将草皮卷起来或折叠起来。较为复杂的起草皮机可以将草皮切下来，并将切下的草皮传送到机械滚卷或折叠器上，然后将草皮卷送到草皮架上。

6. 草皮收获后的管理

根状茎的草种如草地早熟禾，在草皮收获后，留在地里的被切断的根状茎能再生形成新的草皮。在草皮收获后应当及时回填一些土壤，补充草皮带走的土壤，有条件的地方最好回填一些熟土和有机肥料，进行浇水，确保被切断的根状茎的存活。在炎热的夏天更应及时浇水，合理地施肥。为了加快草皮的再生速度，保证草皮的成功建立，应再补播一些种子，播种量依具体情况而定。若原有的草皮是多种品种混合，再生后的新草皮其混合比例可能发生变化，不能保证原来的比例。

二、草皮铺植

1. 场地整理

场地整理是指将建坪场内的一切杂物清理干净，有计划地消除和减少障碍物，有利于草皮的铺植。整理包括清理地上的石块和一切杂物，尤其是一些能成为杂草的根、茎。然后将土地耕翻、平整、碾压，对表土层进行喷洒农药和消毒处理，以杀灭和抑制杂草种子、营养繁殖体、致病有机物、线虫和其他有害生物，锄松表土进行施肥、平整。要求铺植前的土壤准备必须认真、细致，以确保草皮铺植的成功。

2. 草皮铺植

草皮的铺植要求草皮块连接处有 1～2 cm 的间隙，并填入适量的沙土，既可防止失水草块恢复后边缘扩展而折叠，又可避免透风伤根。铺植完毕后要立即浇水，待稍干后在草面上用 500～1 000 kg 的碾压实并碾平，使草皮与坪床牢固接触。一般 1 周左右草皮的根系就可以扎入坪床。

3. 已铺植草皮的管理

草皮铺植完成后，要经常注意观察，发现问题及时解决。常见的问题有：草皮块边缘草坪草死亡，这可能是因为草皮在铺植前失水过多而引起。草皮块之间连接不恰当会造成接缝处出现杂草。灌溉方法的不正确也会引起草坪出现问题，得不到水的地方草皮块出现死亡的情况。如果观察到草皮不生根可能是因为坪床土壤的问题，如土壤污染，常见的污染物有除草剂、漂白粉、汽油或其他化学物质。因此，在铺植草皮块前要注意防止污染物侵入土壤而影响草坪的质量。

草皮铺植后没有及时浇水，也会造成草皮生根缓慢。所以，草皮铺植后应及时、充分地浇水，以使草皮下面的土壤能够完全浸湿。铺植在坡地上的草坪浇水有一定的困难，但在草皮生根后，其管理就与一般的草坪一样了。

任务实施

一、草皮收获

对已经经过养护管理、达到收获标准的成熟草皮，用起草皮机进行收获。通常草皮的厚度为 2～3.5 cm。切割得不能太厚，也不能太薄。草皮的形状可做成块状或条状，便于运输和铺植。草皮应在低温、潮湿的条件下暂时保存，运输时应用帆布盖住顶部，尽可能在起后 48 h 内完成铺植。

对于根状茎的草种如草地早熟禾，在草皮收获后应当及时回填一些土壤，有条件的地方最好回填一些熟土和有机肥料，进行浇水，确保被切断的根状茎的存活。在炎热的夏天更应及时浇水，合理地施肥。为了加快草皮的再生速度，保证草皮的成功建立，应再补播一些种子，播种量依具体情况而定。

二、草皮铺植

对于已经整理好的场地，在铺植草皮时要求草皮块连接处有 1～2 cm 的间隙，并填入适量的沙土。铺植完毕后要立即浇水，待稍干后在草面上用 500～1 000 kg 的磙子压实并碾平，使草皮与坪床牢固接触。一般 1 周左右草皮的根系就可以扎入坪床。

草皮铺植完成后，要经常注意观察，发现问题及时解决。

评分标准

序号	考核内容	具体要求	评分标准	得分
1	草皮收获前的养护管理	正确掌握草皮收获前的养护管理措施	30	
2	草皮收获中的注意事项	正确掌握草皮收获中的注意事项	30	
3	草皮铺植时的注意事项	正确掌握草皮铺植时的注意事项	20	

续表

序号	考核内容	具体要求	评分标准	得分
4	草皮铺植后的注意事项	正确掌握草皮铺植后的注意事项	20	
合计得分				

思考与练习

1. 在收获前、收获中和收获后，草皮的养护管理措施分别包括哪些？
2. 草皮在铺植时和铺植后分别应该注意哪些事项？

课题四
草皮生产中的其他问题

任务目标

◇掌握草皮发热、脱水的处理方法

相关知识

草皮收获完成后，在运输过程中，由于气温过高，堆放过多、过久及铺设不及时等原因，常常会发生草皮发热、脱水现象。如果在草皮生产中遇到此类问题，要及时处理，以免造成不必要的浪费。

一、草皮发热

收获后的草皮由于呼吸作用会发热，若草皮发热可在铺植过程中察觉到，一般草皮卷的中间温度较高，易引起中间的草形成带状死亡，而边缘的温度低，草皮生长良好。这与草皮脱水症状不同，脱水通常是边缘的草死亡而中间的草呈绿色。为了减少草皮的发热而引起的损失，应采取以下方法。

1. 及时铺植

收获后的草皮应尽快铺植，尤其是在炎热的夏季，收获后 24 h 内都有损伤的可能。在较凉的气候条件下，草皮可以堆放 2～3 天或更长。实践证明，草皮在下午 4 点或傍晚收获，夜间运输，清晨铺植效果比较好。

2. 适当修剪

草皮的发热部分是因为叶片的呼吸作用而产生的热量，如收获时的修剪高度越高，草皮的发热越快。一般在草皮成熟前，修剪的留茬高一些，有利于促进根与根状茎的生长。在收获的前几周，要逐渐降低修剪高度。草皮收获时要将修剪时留在草皮上的草屑清理干净，防止微生物的分解而引起发热。

3. 适量施氮肥

过多的施入氮肥，会刺激草的生长和提高呼吸率，在草皮生产中，以施中度氮量为宜。草皮在收获时要求质地致密、颜色暗绿，在不过量的基础上需要施氮肥，在草皮收获前 2～3 周，则要避免施用可溶性氮。

4. 保持适当的水分

草皮收获时保持水分平衡在生产中是较为困难的事情，水分过多有利于微生物的活动而增加热量，如果草皮过干，很容易造成草皮脱水。因此，需要掌握好草皮的铺植时间，若收获时遇到下雨天气，所起的草皮应尽快运到铺植地。

5. 防止草皮病的发生

带病的草皮收获后更易发热，这时应尽快铺植并进行治疗。

二、草皮脱水

在高温干旱的气候条件下，草皮很容易脱水而死亡，这样就限制了草皮的运输距离，而弄湿草皮或收获时过湿又会引起草皮的发热，所以防止草皮脱水最好的方法是在运输时用帆布将草皮覆盖，防止草皮被风吹干而脱水。在较热而干燥的天气，可在黄昏收获，夜间或早晨运输，以减少水分的蒸发。

三、草皮冲洗

这种方法适用于高尔夫球场和其他运动场草坪，运动场草坪的坪床结构一般设计得比较精细，土壤进行了改良，草皮土壤与坪床土壤不大相同，所以有必要将草皮上的土壤冲洗掉而不改变原来坪床的土壤结构，同时又轻便，易于运输。近年来，有专门用来冲洗草皮而设计的自动冲喷机械，在短时间内能冲洗大量的草皮，但该设备较为昂贵，只用于像匍茎翦股颖这样价值较高的草皮生产。

评分标准

序号	考核内容	具体要求	评分标准	得分
1	草皮发热	正确掌握草皮发热的原因及解决办法	40	
2	草皮脱水	正确掌握草皮脱水的原因及解决办法	40	
3	草皮冲洗	正确掌握草皮冲洗的适用范围	20	
合计得分				

思考与练习

1. 简述草皮发热的原因及解决办法。
2. 简述草皮脱水的原因及解决办法。
3. 哪些草坪草生产出来的草皮适宜冲洗?

实训九　用起草机对草坪起运和铺设

一、实训目的

在很多情况下，为了增加草坪的建坪速度，提高草坪的成坪质量，往往采用铺草坪块的方法建植草坪，这就涉及选择草坪块和起运草坪块。

二、材料和工具

材料：提前选择好的草坪地、铺植用地。

工具：起草坪机、平锹或自制的手持轧刀、运输车辆。

三、起运和铺设

1. 选择草坪时要考虑到使用目的，对草坪品种、密度、生长状况、质地、颜色、有无病虫害等做出综合评定后方可起运。

2. 将选择好的草坪地提前修剪并浇水，调整好起坪机深度，起坪机深度越深，草坪的厚度越大，草坪厚度太大对成活有利但对运输和铺设不利，所以，理想的草坪厚度是2～3 cm。

3. 起坪时注意起坪机平直行走，以让其宽度均匀一致，一般起草机起坪宽度为30 cm，为方便运输和铺设，起坪机行走后人工用平锹（最好是自制的轧刀）隔一定间距轧断，其长度一般为30～60 cm，然后码起或卷起装车。

4. 装车时要轻拿轻放，如果运输时间较长或天气较热，要注意防止草坪自身发热，尽量减少运输时间，同时注意覆盖帆布保湿以免影响其成活。

5. 铺植前将地整平，铺植时使草坪块紧密衔接，铺植后覆沙填缝，最后灌水沉降并镇压找平。

四、综合练习

1. 熟练使用起草坪机并进行起坪。

2. 了解草坪块铺植的全过程并进行铺植。